Wandern mit dem Hund

Rabea Ali

Kynos Verlag

Konrad-Zuse-Straße 3 • D-54552 Nerdlen/Daun
Telefon: +49 (0) 6592 957389-0 • Telefax: +49 (0) 6592 957389-20
www.kynos-verlag.de

Gedruckt in Lettland

ISBN 978-3-938071-66-3

Inhaltsverzeichnis

Vorwort 7

Zur Autorin 8

Wandern 9
- Natürlich unterwegs sein 9
- Wandern mit dem Hund 10
- Der Weg ist das Ziel: Wanderformen 14
    - Spaziergänge in freier Natur 14
    - Ausgedehnte Küstenwanderung 15
    - Abenteuerwanderung im Wald 17
    - Kleine Tierspurenkunde 18
    - Wandern im Gebirge 19
    - Schneeschuhwandern 22
    - Skiwandern 25
    - Winterwandern 25
    - Wasserwandern 26

Anreise und Unterkunft 29
- Anreise zum Zielort 29
    - Auto 29
    - Bahn 31
    - Flugzeug 32
- Unterkunft 34
    - Hotels 34
    - Ferienhäuser 35
    - Campingplätze 35
    - Privatunterkünfte 35

Planung und Organisation einer Wanderreise 36
- Reiseplanung 36
- Planung einer Tageswanderung 37
- Planung einer Zweitageswanderung 38
- Planung einer Mehrtageswanderung 40
- Allein oder in der Gruppe unterwegs? 41
- Organisierte Hundewanderreisen 43

Vorbereitung und Ausrüstung 45
- Naturwissen und Umweltschutz 45
- Training und Gesundheit 46
- Ausrüstung für Zweibeiner 46
  - Wanderschuhe und Strümpfe 46
  - Der richtige Rucksack 47
  - Wanderstöcke 48
  - Schlafsack 49
  - Isomatte 49
  - Zelt 50
  - Bekleidung 50
- Ausrüstung für Vierbeiner 51
  - Halsband / Geschirr 51
  - Leine 52
  - Hundeschuhe 53
  - Wasser- und Futternapf 54
  - Liegeplatz für den Hund 54
  - Hundehandtuch 55
  - Verpflegung 55
  - Hunderucksack / Packtaschen 55
  - Hundeschwimmweste 59

Auf Tour 60
- Orientierung in der Natur 60
- Orientierung mit Hilfe künstlicher Orientierungshilfen 61
  - Karte richtig lesen 61
  - Karte und Kompass 61
  - GPS-Empfänger 62
  - Wegzeichen 63
- Orientierung mit Hilfe der Natur 64
- Unterwegs Essen und Trinken 65
  - Müllentsorgung 66
- Gefahren und Hilfe 67
- Gefahren, die vom Wetter ausgehen 67
  - Sonne 67
  - Kleine Wetterkunde 69
  - Gewitter 70
  - Nebel 70
  - Kälte 70
  - Schnee 71

- Natürliche Gefahren 71
  - Insektenstiche 71
  - Zecken 72
  - Schnitt- und Schürfwunden 72
  - Vergiftungen durch Waldfrüchte 73
- Gefahren im Gelände 73
- Häufige Beschwerden auf der Wanderschaft 74
  - Blasen 74
  - Blutergüsse 75
  - Durchfall / Erbrechen 75
  - Wunde Pfotenballen 75
- Erste Hilfe 76
  - Unfälle vermeiden 76
  - Notfallapotheke – gut gerüstet für den Krankheitsfall 77
  - Utensilien für den Notverband unterwegs 77

Outdoorküche 79
- Leckere Rezepte für das Lagerfeuer 79
  - Stockbrötchen 80
  - Folienkartoffeln 81
  - Rühreier 81
  - Bacon und Eggs 81
  - Fladenbrot 82
  - Knüppelkuchen 82
  - Porridge 82
  - Schoko-Bananen 83
  - Zimt-Bananen 83
  - Lagerfeuer-Kaffee 83

Beliebte Wandertouren für Mensch und Hund 85
- Unterwegs in Schleswig Holstein 85
  - Strandvogt-Törn 85
- Gemeinsam in einem Boot in Mecklenburg-Vorpommern 87
  - Auf der Trebel von Tribsees bis zur Hansestadt Demmin 87
- Mit vier Pfoten unterwegs in Niedersachsen 88
  - Friesenweg 88
- Mit vier Pfoten unterwegs in Nordrhein-Westfalen 89
  - Rothaarsteig 89
- Mit vier Pfoten unterwegs in Thüringen 91
  - Rennsteig 91

- Mit vier Pfoten unterwegs in Sachsen-Anhalt 92
  - Harzer-Hexen-Stieg 92
- Mit vier Pfoten unterwegs in Bayern 93
  - Altmühltal-Panoramaweg 93
- Ausrüstungslisten für Ihre Wandertour 96
  - Persönliche Dinge 96
  - Kleidung und Ausrüstung für unterwegs 96
  - Koch- und Essgeschirr 96
  - Schlafausrüstung 97
  - Regenausrüstung 97
  - Zehn Dinge, die Sie nicht vergessen sollten 97
  - Die »tierische« Reise-Checkliste 97
  - Last-Minute-Check 97

- Anhang 98
  - Register – Alles von A bis Z 98
  - Nützliche Informationen 100
  - Bildnachweis 103
  - Danke 103
  - Zum Weiterlesen 104

Vorwort

Liebe Hundefreundinnen, liebe Hundefreunde,

Reisen in Deutschland ist wieder in. Und das Wandern – die schönste und natürlichste Art der Erholung – war niemals out. Wandern gehört zu den beliebtesten Freizeitaktivitäten der Deutschen und der Hund hat einen steigenden Stellenwert als Mitglied der Familie. Was liegt also näher, als in der Freizeit mit seinem Hund auf Wanderschaft zu gehen? Wandern befreit den Kopf, macht müde Beine munter und verschafft dem Hund dazu noch Bewegung ...

Wandern mit dem Vierbeiner ist zu jeder Jahreszeit ein toller Freizeitspaß, allein oder in einer Gruppe. Natürlich kann man irgendwohin fahren, wo es schön ist und dort mit seinem Hund loslaufen. Das kann allerdings dazu führen, dass man unterwegs Überraschungen erlebt, auf die man sich vielleicht nicht eingerichtet hat.

Dieses Buch richtet sich an alle Hundehalter, die eine sinnvolle Beschäftigung mit ihrem Hund suchen, sich in der Freizeit bewegen möchten, die das Wandern bereits lieben oder aber all diejenigen, die das Wandern erst für sich erschnuppern möchten.

Auf den folgenden Seiten finden Sie viele Anregungen und Informationen zum Wandern mit Ihrem vierbeinigen Naturfan, um so einen entspannten Urlaub zu verbringen.

Schöne Wandertage
wünscht Ihnen
Ihre

Rabea Ali

Zur Autorin

Mein Name ist Rabea Ali. Ich bin 1975 in Herford geboren, bin gelernte Hotelfachfrau und diplomierte Touristikmanagerin.

Seit sieben Jahren lebe ich mit meinem Jack Russell Terrier »Willy« zusammen. Beide sind wir sehr sportlich und unternehmen in unserer Freizeit unterschiedlichste Aktivitäten.

Am liebsten aber sind wir in der Natur unterwegs, bestehen gemeinsam kleine Wanderabenteuer und lieben das Reisen.

Ende 2004 machte ich mein Hobby zum Beruf und gründete die Firma »hundewandern.de«. Ich biete seitdem Hundebesitzern aus Deutschland, Österreich, Belgien und der Schweiz geführte Wander- und Kanutouren im In- und europäischen Ausland an.

Wandern

Wandern – Das ist die geeignete Sportart, um für eine Weile dem schnelllebigen und oft stressigen Alltag zu entfliehen. Dabei spielt es keine Rolle, ob Sie langsam und entspannt an das Ziel kommen oder ob Sie die Herausforderung der Natur annehmen und an Ihre Grenzen gehen.

Natürlich unterwegs sein

Lange wurde das Wandern als Freizeitbeschäftigung für Senioren angesehen, heute erlebt der Wandersport eine ungeahnte Renaissance. Als ursprünglichste Fortbewegungsart des Menschen verbindet das Wandern auf einzigartige Weise positive Effekte für Körper, Geist und Seele.

Als erster historisch dokumentierter Wanderer gilt der Italiener Francesco Petrarca, der 1336 mit seinem Bruder den südfranzösischen Mont Ventoux (1.900 m) bestieg. Über viele Jahrhunderte nach ihm sind nur wenige weitere Wanderungen dieser Art dokumentiert. Erst im Zeit-

Wandern tut gut – Mensch und Hund!

alter der Aufklärung und mit Entstehung eines Bildungsbürgertums in der ersten Hälfte des 18. Jahrhunderts kam eine neue Naturbegeisterung auf. Das Wandern wurde zum Symbol der Emanzipation des Bürgertums vom Adel. Unzählige Wanderer erkundeten im letzten Drittel des 18. Jahrhunderts Europa zu Fuß und schrieben ihre Erkenntnisse möglichst objektiv nieder. Dabei lag ein besonderes Augenmerk auf den sozialen und politischen Gegebenheiten der durchwanderten Gebiete. Richtig salonfähig wurde das Wandern aber erst mit den Romantikern, denen allerdings nicht der politisch-soziale Aspekt wichtig war, sondern vielmehr die Landschaft als Mittel der Wegfindung zu sich selbst.

Wandern ist ...
gesund für Herz, Kreislauf, Muskulatur, Immunsystem und Stoffwechsel, entspannend und wohltuend für Körper, Geist und Seele, sportliche Betätigung ohne Leistungsdruck, verbindend in Partnerschaft und Freundeskreis, erlebnisreich in der Natur, einzigartig und wertvoll für jeden, der sich ganz bewusst für ein aktives Wandererlebnis entscheidet.

»Wandern ist die vollkommenste Art der Fortbewegung, wenn man das wahre Leben entdecken will. Es ist der Weg in die Freiheit.«

Elizabeth von Armin

Wandern mit dem Hund

Neue Gerüche, neue Abenteuer und neue Wege zu erkunden erfreut jedes Hundeherz. Hunde lieben die Möglichkeit, stundenlang an der frischen Luft in Bewegung zu sein, zu schnuppern, zu rennen, zu schwimmen und zu springen, wie es ihnen beliebt. Wandern mit dem Hund ist aber auch lehrreich für Mensch und Tier.

Jeder Hund, ganz gleich welcher Rasse, kann mit Herrchen oder Frauchen auf Wanderschaft gehen. Ich finde, dass alle Hunde, die kein gesundheitliches Handicap haben, grundsätzlich auch in der Lage sind, eine Wanderung zu »überstehen«. Die Größe des Hundes spielt keine Rolle, denn der Spaßfaktor steht an erster Stelle. Ich habe schon viele große, aber auch kleine Hunde erlebt, die alle Hindernisse auf ihren Wegen meisterten. Sicher kann ein großer Hund mal eben über eine Stufe springen, während man einen kleinen schonmal tragen oder heben muss.

Den ganzen Tag lang draußen gemeinsam Spanndendes unternehmen – Wandern kommt den natürlichen Hundebedürfnissen sehr entgegen.

Was müssen Sie beim Wandern mit dem Hund beachten?

Zu beachten ist, dass Ihr Hund in regelmäßigen Abständen Verschnaufpausen bekommt, um sich regenerieren zu können. Futter, Wasser und Motivations-Leckerchen sind genauso wichtig wie die Kondition und das Alter. Sie sollten bei Hunden, die sich noch im Wachstum befinden, etwas vorsichtig mit der Belastung umgehen. In der Regel ist ein Hund mit zwölf Monaten bis zwei Jahren, Spätentwickler mit drei Jahren, ausgewachsen. Stellen Sie vor jeder längeren Wanderung durch einen Tierarzt fest, ob Ihr Hund in einer guten körperlichen Verfassung ist. Wandern soll für Mensch und Hund in erster Linie Spaß bedeuten und in keinen Stress ausarten.

Die Grundbegriffe wie Sitz, Platz, Fuß, Herankommen und Bleib sollten selbstverständlich und Voraussetzung sein, um mit dem eigenen Tier auf Wanderschaft zu gehen. Das Kommando Bleib und das sogenannte Stopp-Signal sind äußerst praktisch auf Wanderungen. Falls Ihr Hund dies alles noch nicht perfekt kann, so ist eine Wanderung eine tolle Trainingseinheit. Sie werden sehen, auf der Walz lernt Ihr Hund fürs Leben.

Konditionstraining für Mensch und Hund

Sie und Ihr bellender Begleiter sollten über eine angemessene Kondition verfügen. Trainieren Sie von daher mit immer länger werdenden Spaziergängen, die erst stundenweise ausgedehnt, dann Halbtagesausflüge und schließlich Tages- oder sogar Mehrtagestouren werden. Selbst wenn Sie schon ein geübtes »Kind« der Berge sind, berücksichtigen Sie bitte unbedingt die Größe und das Alter Ihres Hundes. Zu starke Belastung während der Wachstumsphase, wenn das Skelett noch nicht fertig entwickelt ist, kann zu Schäden führen. Welpen müssen natürlich nicht von einer Wanderung ausgeschlossen werden. Nehmen Sie den Kleinen im Rucksack mit und lassen Sie das Tier nur streckenweise laufen. Es gab vor einigen Jahren auf dem Markt mal einen tollen Rucksack zu kaufen: Ein »normaler« Bergrucksack mit einem extra Einsatz für Welpen bzw. kleine Hunde. Ich habe meinen Hund in diesem Rucksack die Berge rauf und runter getragen und der kleine Kerl schlief, nachdem er einige kleine Strecken erkundet hatte, immer schnarchend an meinem Ohr ein. Leider hat dieser Rucksack offenbar keinen großen Absatz gefunden und wird nicht mehr hergestellt. Ich bin aber der Meinung, dass Ihr Welpe auch in einem anderen Rucksack Zeit zum Schnarchen finden kann.

Dieser Hund ist wohl zu groß, um noch im Rucksack getragen zu werden ...

Muss der Hund beim Wandern an die Leine?

Das Thema, wann ein Hund an die Leine gehört, ist leider nicht kurz und klar zu beantworten, da es hier zu viele unterschiedliche Regelungen gibt. Grundsätzlich gilt: Innerorts, d.h. in bebauten Gebieten sowie auf öffentlichen Plätzen und Straßen, herrscht immer Anleinpflicht.

In der freien Natur ist zwischen Wald und Flur zu unterscheiden: Ob ein Hund im Wald stets angeleint zu sein hat oder nicht, regeln die Forst- bzw. Waldgesetze der einzelnen Bundesländer, die zum Teil unterschiedliche Angaben machen. Die meisten schreiben keine generelle Anleinpflicht im Wald vor, solange sich der Hund »im Einflussbereich« seines Halters befindet. Anders ist es während der Brut- und Setzzeit der Wildtiere (01.04.-15.07.), während derer viele Bundesländer eine grundsätzliche Leinenpflicht im Wald vorschreiben.

Es hilft also leider nichts – Sie müssen sich über die jeweilige Regelung Ihres Bundeslandes bzw. des Wanderziels nach den gesetzlichen Vorschriften kundig machen. Ob in der Flur Leinenzwang herrscht oder nicht, regeln die Ortsgemeinden für ihre jeweilige Gemarkung selbst. Gemeinden mit grundsätzlichem Leinenzwang in der freien Flur sind aber Gottseidank selten. In Naturschutzgebieten müssen Hunde immer an die Leine!

Zusätzlich sind auch noch die Landeshundeverordnungen, kurz LHV, der Bundesländer zu berücksichtigen, die zum Teil einen generellen Anleinzwang für Hunde bestimmter, als potenziell gefährlich eingestufter Rassen vorschreiben – unabhängig davon, wo Sie sich mit diesem Hund bewegen. Machen Sie sich also im Zweifelsfall schlau, ob Ihr Hund vielleicht zu einer dieser Rassen gehören könnte und lesen Sie nach, welche Rassen in welchem Bundesland angeleint sein müssen.

Generell kann ich sagen, dass der Hund auf einer Wanderung am sichersten ist, wenn er ohne Leine läuft. Angeleint wird der Hund durch das wesentlich langsamere Gehtempo des Menschen abgebremst. Für den Hund ist der eigene Geh- und Atemrhythmus genauso wichtig wie für den Zweibeiner.

Verlassen Sie sich aber nicht darauf, dass Ihr Hund nicht wildert. Der angeborene Jagdinstinkt lässt auch den besterzogenen Hund einem Reh oder Hasen hinterherspurten! Behalten Sie Ihren Hund im Auge, um ihn im richtigen Moment zurückrufen zu können. Lassen Sie ihn auch nicht im Unterholz oder Gebüsch frei herumstöbern.

Sicherlich werden Sie auch dem einen oder anderen Wandersmann oder Spaziergänger auf Ihrer Tour begegnen. Mit etwas Rücksichtnahme können viele Differenzen vermieden werden. Wandersleute, Spaziergänger, Jogger oder einfach Menschen, die Angst vor Hunden haben, haben das Recht, ohne mulmiges Gefühl, wenn ein frei laufender Hund auf sie zukommt, die Natur zu genießen. Deshalb sollte es Ihnen als Akt der Höflichkeit selbstverständlich sein, Ihren Hund zumindest am Halsband festzuhalten, wenn jemand Ihnen entgegenkommt und einige nette Worte zu wechseln.

Bei Begegnungen mit Spaziergängern sollten Sie Ihren Hund bei sich halten.

Der Weg ist das Ziel: Wanderformen

Die Arten von Wanderungen sind fast unbegrenzt. Das Spektrum reicht von einfachen Spaziergängen bis hin zur großen, mehrtägigen Wandertour. Es liegt Ihnen quasi eine Fülle von Möglichkeiten zu Pfoten! Die Entscheidung, was Sie machen möchten, treffen Sie nach Ihren persönlichen Vorlieben und natürlich nach Ihrer körperlichen Verfassung und der des Hundes.

Spaziergänge in freier Natur

Spaziergänge in freier Natur sind meist nicht schwierig und für Einsteiger gut geeignet. Vermeiden Sie landwirtschaftlich intensiv genutzte Flächen, denn diese dürfen oft nicht betreten werden und können durch Weidezäune den Weg versperren und gegebenenfalls Ihren Hund verletzen. Wählen Sie lieber Wege, die dem Lauf von Flüssen und Kanälen oder einem Seeufer folgen. Hier kann dann Ihr Hund auch mal ein schönes Bad nehmen.

Willkommene Erfrischung am Wegesrand.

Apropos Landwirtschaft: Da erinnere ich mich gern an eine Meute von Hunden, die während einer Wanderung am Ammersee ausgiebig tobten und spielten und dabei ein bestelltes Feld mit frischer Gülle stürmten. Selbstverständlich wurde sich komplett auf dem Feld gewälzt und beschmiert. Klasse war, dass wir gerade auf dem Weg zum Kloster Andechs waren und genüsslich in den Kellergewölben der Bayerischen Küche frönen wollten. Die Kellner rümpften bei jeder Bestellung die Nase und knobelten bestimmt vorher in der Küche, wer diesmal die Truppe mit den Hunden bedient ...

Ausgedehnte Küstenwanderung

Ausgedehnte Wanderungen an Nord- und Ostseeküste sind bei Hund und Herrchen gleichermaßen beliebt. Endlich Sand unter den Pfoten! Fellnasen lieben es, im weißen Sand zu buddeln oder in die brausenden Wellen zu springen. Die Küsten sind ideal zum Entspannen. Laufen Sie am Meer entlang, so weit Pfoten und Füße tragen. Streifen Sie auf ausgewiesenen Wegen mit Ihrem Vierbeiner durch die Dünen.

Oder Sie erkunden mit Ihrem Vierbeiner einige der Klippen, zum Beispiel auf Rügen. Sie sollten dort jedoch sowohl vorsichtig als auch schwindelfrei sein.

Achten Sie darauf, dass an den meisten Badestränden an der deutschen Nord- und Ostsee innerhalb der Saison Hunde auch angeleint leider nicht erlaubt sind. Fast immer gibt es aber auch ausgewiesene Hundestrände, in besonders hundefreundlichen Orten manchmal sogar mit besonderen Spiel- und Sportmöglichkeiten wie Agilityparcours oder Ähnlichem. Am besten erkundigen Sie sich vor Antritt Ihres Urlaubs beim Tourismusbüro vor Ort, ob und wo Hunde am Strand erlaubt sind, damit Sie am Ziel keine unliebsame Überraschung erleben.

Bei einem Strandurlaub ist Ihr Hund Ihnen dankbar, wenn Sie sich nach dem Sonnenstand richten. Morgens, wenn die Sonne noch nicht so brennt, wandern gehen, mittags Siesta halten und abends, wenn es kühler wird, einen Spaziergang unternehmen. Am Strand selber sollten Sie auf alle Fälle Ihrem Tier einen Schattenplatz anbieten und genügend Trinkwasser mitnehmen. Auch Vierbeiner haben bei Hitze einen erheblich höheren Flüssigkeitsbedarf. Falls Ihr Hund noch nie am Meer war,

Denken Sie daran, dass das Laufen im weichen Sand ermüdet und Ausdauer bei Hund und Halter erfordert. Ein Hut, Wasser, Sonnen- und Insektenschutz gehören zur Grundausstattung.

achten Sie darauf, dass er kein salziges Meerwasser trinkt, da dieses zu Erbrechen führt. Beziehen Sie in die Planung Ihrer Route die Gezeiten mit ein. Bei Flut sind zum Beispiel die meisten Strände nicht begehbar. Wattwanderungen, die vom Festland zu den vorgelagerten Inseln führen, unternehmen Sie am besten nur mit einem ortskundigen Führer. Für Hunde ist eine Wattwanderung eine tolle Erfahrung. Als Ausrüstung für Zweibeiner empfehlen sich Turnschuhe mit Socken, denn Stiefel oder Sandalen bleiben im Schlick stecken. Wenn Sie es ganz rustikal mögen, gehen Sie barfuß, so wie Ihr Tier.

Im Nationalpark Wattenmeer gelten besondere Regeln für Hundehalter, der wichtigste Grundsatz ist: Führen Sie Ihren Hund innerhalb des Nationalparks immer an der Leine – er soll schließlich nicht den brütenden Wildvögeln hinterherjagen. Nehmen Sie außerdem unbedingt Plastikbeutel zur Beseitigung seiner Hinterlassenschaften mit.

Während einer Wanderung auf Usedom haben wir ab und zu Fährten im Sand gelegt. Vergraben Sie anfangs nur wenige Millimeter ein Leckerli, dann immer tiefer versenken und den Hund danach buddeln lassen. Gerade für Terrier ein Megaspaß.

Abenteuerwanderung im Wald

Der Wald ist ein idealer Ort, um eine kleine Abenteuerwanderung mit Ihrem Vierbeiner zu beginnen, denn dort gibt es unglaublich viel zu entdecken: Gehen Sie mit offenen Augen durch den Wald und Sie werden für sich diverse Kräuter am Wegrand entdecken, Tierspuren erkennen und Baumarten bestimmen. Schicken Sie Ihren Hund doch einmal über eine Naturhürde, fordern Sie ihn zu einer Kletterpartie auf und beginnen Sie ein kleines Versteckspiel. Der Fantasie sind keine Grenzen gesetzt.

Voraussetzung ist natürlich, dass Ihr Hund keine Neigung zum Wildern zeigt – sonst gehört er im Wald auf jeden Fall an die Leine!

Wichtig: Folgen Sie am besten den Wegzeichen. Sie sind eine Garantie dafür, dass man sich nicht im Wald verirrt. Nehmen Sie sich am besten auch immer eine Wanderkarte im Maßstab 1:25000 mit, auf der die Grenzen der Parzellen, aber auch die Namen und Markierungen der Wanderwege eingezeichnet sind.

Achtung zu Jagdzeiten! Bevor Sie Ihre kleine Abenteuerwanderung beginnen, sollten Sie sich auf den Gemeindeämtern informieren, an welchen Tagen gejagt wird. Bei Treibjagden gibt es in der Regel entsprechende warnende Anschläge. In der Dämmerung sollten Sie grundsätzlich nicht mit Hund im Wald unterwegs sein, insbesondere nicht an den Wochenenden – das ist beste Ansitzzeit für die Jäger.

Tipp: In der Natur erleben Sie die Dinge nicht nur mit dem Kopf, sondern Sie nehmen sie mit allen Sinnen wahr. Während einer kleinen Pause macht es viel Spaß, den Wald aus dem Blickwinkel des Hundes zu betrachten. Legen Sie sich einfach auf den Boden und betrachten den Himmel und die Bäume, Sie können Geräuschen lauschen und sie zählen ...

Kleine Tierspurenkunde

Jeder von Ihnen hat schon einmal Abdrücke von Tierfüßen oder Pfötchen entdeckt. Aber welches Tier steckt dahinter?

Schalenwild: Die Fußabdrücke des Schalenwilds werden als Fährten bezeichnet. Diese Tiere zählen zu den Paarhufern: Ihr Huf bzw. ihre Klaue, in der Jägerfachsprache als »Schale« bezeichnet, ist längs der Mitte geteilt und spreizt sich nach außen, wenn die schweren Waldbewohner weichen Boden betreten, um ein Einsinken zu verhindern.

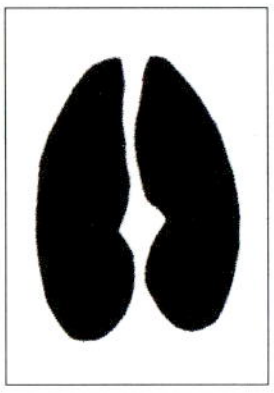
Hirsch

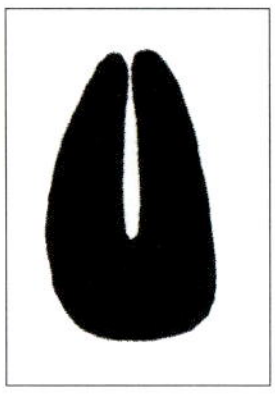
Reh

Wildschwein

Fuchs, Hase, Dachs & Co.: Alle Abdrücke, die von Wildtieren mit Pfoten hinterlassen werden, nennt man Spuren. Können Sie diese unterscheiden?

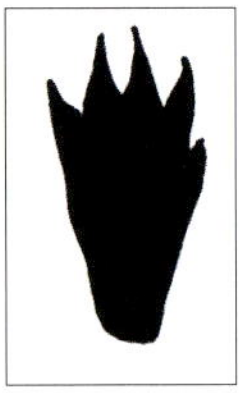
Dachs

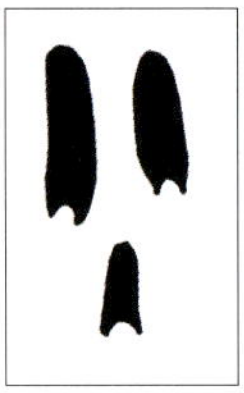
Hase

Katze

Fuchs

Eichhörnchen

Wildgeflügel: Die letzte Gruppe bildet das Wildgeflügel. Es hinterlässt als stilles Andenken an den Naturfreund die sogenannten Geläufe.

Rebhuhn

Elster

Fasan

Wandern im Gebirge

Wo man nicht zu Fuß war, ist man nie gewesen – das gilt in besonderem Maße für das Bergwandern. Im Gebirge mit Ihrem Fellgesicht zu wandern ist sicherlich die schönste Form, in freier Natur unterwegs zu sein. Allein oder in der Gruppe, auf bequemen Almwegen oder als anspruchsvolle Gipfeltour kann man vielseitig unterwegs sein. Fast überall können Sie mit Ihrem Hund starten und die Tour nach dem eigenen Können auswählen. Belohnt werden Sie nicht nur mit einem Zugewinn an Fitness, sondern auch an dem unmittelbaren Naturerlebnis unterwegs.

Ich empfehle Ihnen, Ihre Wanderung in einer einsamen Gebirgsregion oder in einem kleinen Bergdorf als Ausgangspunkt zu beginnen und nicht an einem großen Ort mit Massentourismus. Sie haben so den Vorteil, innerhalb weniger Gehminuten in der freien Natur zu sein und Ihr Hund kann schnell seinen Bedürfnissen freien Lauf lassen. Hinzu kommt, dass sich in vielen Regionen Bergseen, Gletscherseen und Gebirgsbäche befinden, in denen der Hund auch schwimmen kann, ohne dass sich jemand gestört fühlt.

Aber bitte beachten Sie: Gebirgsbäche können reißend starke Strömung haben, die ein unerfahrener Hund unterschätzt, wenn er an einem heißen Tag fröhlich hineinspringt! Einer meiner Wanderleiter hat so fast einmal seinen Irish Wolfhound verloren … seine Martha kam nur mühsam mehrere hundert Meter weiter wieder ans Ufer, wohin sie innerhalb kürzester Zeit abgetrieben wurde … zum Glück war ihr nichts passiert, aber der Schreck saß tief!

Bergwanderungen sind besonders intensive Naturerlebnisse.

Wichtige Regel beim Bergwandern: Überschätzen Sie sich nicht!
Das Bergwandern ist für Psyche und Körper eine Herausforderung. Wenn Sie glauben, Sie können wirklich nicht mehr weiter, wenn Nebel aufzieht oder ein Gefühl der Unsicherheit oder Angst kommt, ist es besser, umzukehren. Falscher Ehrgeiz kann den Hobbywanderer oder »Flachlandtiroler« unter Umständen Kopf und Kragen kosten.

Immer wieder höre ich, dass meine Kunden Angst haben, ihr Hund könnte in den Bergen abstürzen. Wenn Sie einige Grundregeln beim Bergwandern beachten und Wege nehmen, die der Hund auf jeden Fall

Wählen Sie beim Bergwandern Wege aus, die der Hund auf jeden Fall bewältigen kann.

Am schönsten und sichersten ist die Bergwanderung in einer geführten Gruppe.

Tipp: Schließen Sie die Augen, so können Sie lernen den Geräuschen des Gebirges zu lauschen: dem Tosen des Sturzbachs, dem Pfeifen eines Murmeltieres, dem Krächzen eines Raben, dem Rauschen der Gräser im Wind. Mit etwas Übung wird das Gehör immer feiner.

bewältigen kann, so ist dieses »Risiko« nicht höher als alle anderen Risiken im Alltag mit dem Haustier Hund. Sie werden erstaunt sein, wie sicher sich Ihr Hund im Gelände bewegt und selbst schwierigen Untergrund bewältigt. Vermeiden Sie Wege, in denen Klettersteige auf der Karte eingezeichnet sind, wenn Sie mit einem großen Hund unterwegs sind. Sie können sich als Zweibeiner auf solchen Routen anseilen und sichern, kleine Hunde, die Ihnen vollkommen vertrauen, können während der Passagen getragen werden, doch mit größeren Hunden ist dies schwierig.

Beachten Sie auch, dass Ihr Hund nie mit vollem Magen wandert und ausreichend Wasser trinkt.

Da Bergwandern körperlich anstrengend ist, ist eine gute Ausrüstung für Zwei- und Vierbeiner unabdingbar. Ebenso die ständige Beobachtung der Wetterlage, denn im Gebirge kann das Wetter innerhalb kurzer Zeit völlig umschlagen. Die deutschen Alpen bieten sowohl für Anfänger als auch für erfahrene Trecker beste Wandermöglichkeiten.

Tipp: Entfernung per Echo errechnen
Der Schall legt 340 Meter pro Sekunde zurück. Messen Sie die Zeit, die Ihre Stimme braucht, bis sie wieder an Ihr Ohr zurückkehrt, so können Sie die Entfernung zwischen sich und dem Berg, der das Echo zurückwirft, errechnen.

Schneeschuhwandern

Wenn Sie heute zusammen mit Ihrem Hund den Schnee abseits von Trampelpfaden in seiner vollen Pracht erleben möchten, dann können Sie dies mit sogenannten Schneeschuhen erreichen. Schneeschuhwandern ist weit mehr, als querfeldein durch kaltes Nass zu stapfen. Sie werden die Natur von ihrer schönsten Seite kennenlernen. Es werden in vielen Bergregionen Schneeschuhwanderungen mit einem örtlichen Guide angeboten. Solche geführte Wandertouren kann ich Ihnen nur empfehlen. Erstens: Sie bekommen alle notwendigen Informationen aus erster Hand. Zweitens: Sie bekommen die Schneeschuhe gestellt. Drittens: Sie haben die volle Sicherheit, denn Schnee und das schnell umschlagende hochalpine Wetter haben so ihre Tücken. Bevor Sie sich zu einer Tour anmelden, sollten Sie unbedingt ankündigen, dass ein Vierbeiner Sie auf der Wanderung begleitet. Jeder Bergführer wird das akzeptieren, wenn Ihr Hund gut erzogen ist.

Schneeschuhwanderungen führen Sie abseits der üblichen Pfade.

Darüber hinaus bedarf es selbstverständlich einer entsprechend guten Kondition von Hund und Halter. Der »Vierpfotenantrieb« Ihres Hundes ermöglicht ihm im Gegensatz zum Menschen, fast immer oben auf dem Schnee zu laufen. Wir Menschen benötigen dafür unsere Schneeschuhe. Sie werden aber sehen, dass Ihr Hund gern in Ihrer Spur läuft, denn wenn er an den Seiten ausweicht, wird er eventuell einbrechen und muss dann hart arbeiten, um wieder auf tragfähigen Schnee zu kommen. Keine Angst, Ihr Tier bekommt das problemlos hin. Das funktioniert sowohl bei großen als auch kleinen Hunden. Bei unseren Schneeschuhwanderungen haben wir bereits diverse Hunderassen dabei gehabt.

Ganz besondere Freude machen Ihrem Hund Wanderungen im Schnee, wenn er einmal hinter einem Artgenossen jagen, buddeln und sich wälzen kann. Spaßig für Mensch und Hund ist es auch, wenn Sie eine Tour auf Schneeschuhen beginnen und die Abfahrt auf einem Schlitten genießen. Nach dem Abstieg belohnen Sie sich mit einer Tasse heißer Schokolade oder Tee. Sie werden spüren, wie jede Faser Ihres Körpers von einer wohligen Tiefenwärme erfasst wird und eine seltsame Art von Müdigkeit Sie befällt. Ihrem Tier wird es sehr ähnlich gehen.

Ganz wichtig ist im Winter die Pfotenpflege:

Zwischen den Ballen bilden sich schnell scharfkantige Schneekristalle, die sich zu Klumpen formen, scheuern und die Haut verletzen. Um Ihrem Tier die Freude am Wintersport nicht zu verderben, sollten Sie im Vorfeld einige Vorkehrungen treffen. Langhaarige Rassen können Sie schon zu Hause durch Beschneiden der Haare an den Ballen und Läufen ein wenig vorbereiten, am Bauch werden sich aber dennoch lästige Schneeklumpen bilden. Cremen Sie die Ballen und Läufe mit speziellem Pfotenfett ein, so verhindern Sie für längere Zeit die Klumpenbildung. Es gibt eine tolle schwedische Pfotensalbe von der Firma Fyra Ess. Diese Salbe riecht zwar unangenehm nach Teer, wir haben aber bei den Schneeschuhtouren nur gute Erfahrungen damit gemacht. Verwenden können Sie auch Melkfett oder Hirschtalg, nicht aber Ihre Handcreme. Zur Nachbehandlung verwenden Sie eine Zinksalbe für die Pfoten und erzielen so eine gute Heilwirkung.

Sollte die Salbe bei Ihrem Hund keine Wirkung zeigen oder Sie möchten nicht die Haare an Läufen und Ballen beschneiden, dann bleiben noch Boots und Gamaschen für den Hund (siehe Seite 53, »Hundeschuhe«). Beachten Sie immer, dass langhaarige Hunde und sogar gelockte Hunde wie Pudel, Komondor, Old English Sheepdog etc. extrem »klumpanfällig« sind und somit nur bedingt schneeschuhwandertauglich. Bürsten Sie gerade in der kalten Jahreszeit langhaarige Hunde öfter. Dies ist kein Widerspruch! Langhaarige Hunde müssen gerade dann von der Unterwolle befreit werden, weil das Haar sonst abstirbt und dann der Hund friert.

Kurzhaarige Hunde haben kein Problem mit Schneeklumpen, dafür sollten Sie sich dann über das Thema Kälte Gedanken machen. Normalerweise vertragen unsere Haushunde die Bewegung bei Minusgraden problemlos und ohne Mäntelchen, wenn einige Voraussetzungen und Bedingungen erfüllt werden:

- Bleiben Sie mit Ihrem Tier in Bewegung
- Lassen Sie den Hund nicht lange im Schnee sitzen oder liegen
- Scheren oder trimmen Sie Ihren Liebling vor einer Wandertour nicht ab und lassen Sie so dem Tier den natürlichen Kälteschutz

Generell sind auch höhere Minusgrade bei trockenem Wetter für viele Hunde besser zu ertragen als nasskaltes Schmuddelwetter, das für Durchfeuchtung des Fells und damit Wärmeverlust sorgt – aber das ist bei einer Schneeschuhwanderung ja hoffentlich nicht der Fall!

Tipp: Vor der Schneeschuhwanderung exakte Abklärung mit dem Bergführer, akribische Pfotenkontrolle und -pflege, gegebenenfalls Hundeboots und Gamaschen tragen lassen.

Skiwandern

Auf Langlaufskiern gemeinsam mit dem Hund die winterliche Natur zu genießen ist ein einmaliges Erlebnis. Weil viele touristische Gebiete aber die Zerstörung der Langlaufspuren oder die Belästigung anderer Läufer befürchtet, sind viele Loipen für Hunde gesperrt. An manchen Orten werden aber je nach Tageszeit und Saison Ausnahmen gemacht. Einige Skigebiete der Schweiz und Österreich richten sich mittlerweile sogar speziell auf Hunde ein und spuren Hundeloipen. Leider sind diese aber noch sehr dünn gesät und meist viel zu kurz, sodass der Wunsch nach einer sportlichen Betätigung mit dem Hund zu knapp kommt und einem nur das Ausweichen auf offizielle Loipen bleibt. Dann muss aber im Vorfeld abgeklärt werden, ob Hunde generell dort verboten sind oder unter gewissen Auflagen geduldet werden.

Tipp: Exakte Abklärung und Timing mit dem Loipenhaus, auf Begegnungen mit Wild gefasst sein.

Winterwandern

Eine Winterwanderung mit Ihrem Hund machen Sie am besten mitten in der kalten Jahreszeit. Das Wetter ist dann stabiler und Schnee und Eis sind fester, sodass Sie mehr Trittsicherheit haben.

Wasserwandern

Das Wasserwandern hat in den letzten Jahren einen ungeahnten Boom erlebt. Eine Fahrt im Kanu bedeutet intensiven Kontakt mit der Natur.

Die Welt des Kanufahrens erschließt sich Kindern, Jugendlichen, Oma und Opa, Papa und der Mama gleichermaßen. Warum nicht also auch

Warum nicht mal eine Kanutour mit dem Hund?

einmal Wasserwandern mit Ihrem Hund? Beim Paddeln sitzen alle in einem Boot und die Hunde fühlen sich dabei pudelwohl.

Richtig erlernt und geplant ist das Wasserwandern eine entspannende Möglichkeit, im Einklang mit der Natur die mehr oder weniger vorhandene Abenteuerlust in uns und den Wunsch nach neuen Eindrücken zu

Die meisten Hunde steigen gerne mit ins Boot.

Ein »Kanadier« eignet sich gut für das Mitnehmen von Hunden.

befriedigen. Das Wort »Kanu« ist der Oberbegriff für »Kajak« und »Kanadier«. Im Umgangssprachlichen werden jedoch gelegentlich Kanu und Kanadier sinngleich gebraucht. Wenn Sie mit Ihrem Hund in einem Boot sitzen möchten, dann nutzen Sie den Kanadier.

Ein Vorteil des Kanadiers liegt in seiner relativ einfach zu erlernenden Handhabung. Verteilen Sie Ihre Ausrüstung gleichmäßig, sodass Bug oder Heck nicht überlastet werden. Selbstverständlich wird Ihr Hab und Gut in wasserdichte Behältnisse wie zum Beispiel Kanutonnen verpackt. Wechselkleidung sollte unbedingt mitgenommen und ebenfalls wasserdicht verpackt werden. Nach einer guten Paddeleinweisung von einem erfahrenen Kanuten und einigen Trockenübungen mit Boot und Hund sind Sie schon als »Winnetou« auf dem Wasser.

Der Kanadier wurde von den Indianern Nordamerikas für die Jagd und für den Transport schwerer Lasten auf Flüssen und Seen entwickelt. Es ist ein großes, offenes Boot. Es bietet große Ladekapazitäten und verbindet sich mit kippstabilem Fahrverhalten. Ein ideales Boot zum Fahren mit dem Hund. Der Hund kann sich sehr sicher und geborgen fühlen. Eine Kentersicherheit ist sozusagen im Boot »eingebaut«. Ihr Hund wird beim Kanufahren idealerweise mit einer Schwimmweste ausgestattet und aus Sicherheitsgründen nicht im Boot angeleint.

Es gibt Tiere, die nicht permanent im Boot brav sitzen bleiben möchten. So auch ein Labrador auf einer unserer Kanutouren. Leon nutzte jede Gelegenheit schamlos aus und stieg aus dem Boot, um in der Werre zu schwimmen oder das Gebüsch am Ufer zu untersuchen. Herrchen und Frauchen sahen es gelassen und fuhren öfter mal an das Ufer und luden den nassen Leon wieder ein.

Übrigens: Nicht nur wasserbegeisterte Vierbeiner kommen beim Paddeln auf ihre Kosten. Auch die wasserscheue Fraktion wird am Abend müde in die eigene Koje fallen. Sie werden staunen, aber Hunde werden beim Wasserwandern extrem per Kopf- und Nasenarbeit ausgelastet – speziell die stadtgewohnten Hundenasen!

Bevor Sie stolzer und glücklicher Besitzer eines Kanus werden, möchte ich Ihnen ans Herz legen sich vorab mit einem örtlichen Kanuclub, einer Kanuschule oder einer anderen Freizeitorganisation in Verbindung zu setzen. Hier werden Sie in Einsteigerkursen mit den sportbezogenen Grundregeln und Basisinformationen vertraut gemacht. Hunde sind in Kanuclubs etc. zum Teil gern gesehen und dürfen ohne Probleme in den Leihbooten mitfahren. Lassen Sie sich am Anfang eine systematische Einführung ruhig etwas Zeit und Geld kosten. Es wird sich schnell auszahlen. Das Wissen um die Risiken bewahrt Sie vor unliebsamen Überraschungen beim Kauf eines Kanus und der ersten Ausfahrt mit dem eigenen Boot.

Im Handel sind auch spezielle Schwimmwesten für Hunde erhältlich.

Deutscher Kanu-Verband (DKV), Bertaallee 8, 47055 Duisburg, Telefon: 0203 / 99 75 90 0, Fax: 0203 / 99 75 96 0, E-Mail: service@kanu.de, Internet: www.kanu.de. Der DKV hält jede Menge Infomaterial bereit. Das Angebot reicht von kostenlosen Broschüren über Sicherheit im Kanusport etc.

Anreise und Unterkunft

Bekanntlich führen viele Wege nach Rom und ebenso viele zu Ihrem Wandergebiet.

Für welchen Sie sich schließlich entscheiden, hängt von den zur Verfügung stehenden finanziellen Möglichkeiten, der für die Anreise geplanten Zeit und den eigenen Ansprüchen ab, die Sie an die Bequemlichkeit der Transportmittel stellen. Im Folgenden möchte ich Ihnen die gängigen Möglichkeiten, nämlich Auto, Bahn und Flugzeug, vorstellen.

Die **Anreise mit dem Auto** ist das wohl beliebteste Verkehrsmittel, wenn es ums Reisen mit dem Hund geht.

Das eigene Auto ist die praktischste Reisemöglichkeit.

Die Vorteile liegen auf der Hand: Abfahrtszeiten, Streckenlänge und Pausen können Sie variabel handhaben. Wenn Sie stolzer Besitzer eines Kombis sind, ist sogar noch viel Platz für einen großen Futtervorrat und Ihr Gepäck. Außerdem entstehen keine »Extrakosten« für den Hund und Ihr Tier ist die komplette Zeit in seiner gewohnten Umgebung und immer bei seinem »Rudel«, denn er hört, spürt oder riecht Ihre Anwesenheit, was beruhigend auf ihn wirkt.

Entspanntes Reisen zum Wanderziel bringt von Anfang an gute Laune. Die meisten Hunde lieben ihre fahrende »Hundehütte« – schließlich sind sie mit ihrem Menschen unterwegs. Allerdings können besonders auf langen Fahrten bei sensiblen Hunden die typischen Symptome der Reisekrankheit auftreten. Vorbeugend können Sie einiges tun, um Ihren Vierbeiner unterwegs vor ängstlicher Unruhe, Übelkeit und Erbrechen zu schützen:

- Reduzieren Sie die Futtermenge schon einen Tag vor Reiseantritt, am Tag der Abfahrt bleibt der Napf ganz leer und die Trinkmenge wird erhöht.
- Legen Sie ausreichend Gassi-Pausen ein.
- Bachblüten (Mischung Nummer 2) helfen natürlich und sanft bei Angstzuständen.
- Schließen Sie während der Autofahrt die Fenster und stellen Sie die Klimaanlage nur leicht ein. Zugluft kann zu Bindehautentzündung führen.

Es gibt auch beim Autofahren mit dem Hund einige Regeln, an die Sie sich während der Fahrt halten sollten:

- Niemals gehört Ihr Hund auf den Beifahrersitz oder Ihren Schoß. In Deutschland gibt es eine Sicherheitspflicht für das Transportieren von Hunden im Auto, die besagt, dass Sie Ihren Hund so unterbringen müssen, dass er auch in Gefahrensituationen wie einer Vollbremsung oder einem Aufprall nicht als Geschoss durch das Auto fliegt. Der sicherste Platz für den Hund ist ein mit einem Trennnetz oder Trenngitter ausgestatteter Kofferraum eines Kombis, in einer Transportbox im Kofferraum oder auf der Rückbank mit einem Sicherheitsgurt. Der TÜV und Versicherungsunternehmen haben verschiedene Sicherungen getestet, die Mensch und Hund gleichermaßen schützen. Schauen Sie beim Kauf deshalb auf entsprechend geprüfte Produkte.
- Beim Packen des Wagens ist ausreichend Platz für den Hund einzuplanen. Leine, Halsband oder Geschirr und Wasservorrat sind griffbereit zu verstauen.
- Nehmen Sie Ihren Hund ruhig zum Anlass, öfter mal eine Pause einzulegen.
- Trainieren Sie Ihren Hund darauf, das Auto nur auf Kommando zu verlassen. Das erleichtert Ihnen das Anhalten an Autobahnraststätten ungemein und kann sein Leben retten!
- Lassen Sie bitte niemals an sonnigen Tagen Ihren Hund allein im Auto zurück. Autos heizen sich durch die Sonnenstrahlung auch schon im Frühling sehr schnell auf über dreißig Grad auf. Die Klimaanlage funktioniert nur bei laufendem Motor. Auch wenn Sie Ihr Auto im Schatten abstellen, die Erde dreht sich – Schatten wandern. Es hilft auch nicht,

das Fenster einen Spalt geöffnet zu lassen. Leider kommt es immer wieder zu Todesfällen, weil Hundebesitzer den Hund »nur mal kurz« im Auto gelassen haben. Ihr Tier kann an Hitzschlag oder kollabiertem Kreislauf sterben.

Die **Reise mit der Bahn** ist eine weitere Möglichkeit, in das Wandergebiet Ihrer Wahl zu gelangen. Züge sind sehr geräumig und für die Fahrt mit Ihrem Hund ebenfalls gut geeignet, jedoch mit kleinen Einschränkungen.

Im Gegensatz zum Reisen mit dem Auto sind Sie mit der Bahn weniger flexibel in der Einteilung Ihrer Pausen und müssen Rücksicht auf andere Fahrgäste nehmen. Sollte Ihr Hund vor Antritt der Reise noch keine längeren Bahnfahrten gewöhnt sein, so ist es wichtig, dass Sie dieses vorher trainieren. Gewöhnen Sie den Hund langsam an die für ihn unbekannte Umgebung, sodass er sich mit den Geräuschen und Gerüchen vertraut machen kann. Beginnen Sie damit, dass Sie mit dem Tier an einem Bahnhof spazieren gehen. Wenn er sich daran gewöhnt hat, unternehmen Sie mit ihm eine kleine Ausflugsfahrt mit der Bahn und belohnen Sie Ihren Hund dann mit einem ausgiebigen Spaziergang. Ihr Hund verbindet so die Bahnfahrt mit einem positiven Erlebnis und wird gern gemeinsam mit Ihnen Bahnfahren.

Während kleine Hunde in einer Transportbox noch kostenlos reisen, müssen größere Hunde den gleichen Fahrpreis wie zahlungspflichtige Kinder von 6 bis 15 Jahren bezahlen. Diese Regelung gilt sowohl für den Normalpreis als auch für die Sparpreise. Größere Hunde, egal welcher Rasse, müssen an der Leine geführt werden und einen Maulkorb tragen. Gewöhnen Sie Ihr Tier rechtzeitig daran! Für Nachtzugverbindungen, CityNightLine und DB Autozüge gelten jeweils besondere Bedingungen. Für Hunde können keine Sitzplatzreservierungen getätigt werden.

Kleine Tipps zum entspannten Zugfahren:

- Füttern Sie den Hund mindestens zwei Stunden vor Fahrtantritt nicht mehr. Halten Sie den Wasserkanister und den Faltnapf in Ihrer Nähe. Achten Sie aber darauf, dass der Hund nicht allzu viel trinkt, wenn die nächste Pause noch nicht in Sicht ist.
- Wenn Ihr Hund sehr zugluftempfindlich ist, sollten Sie das Fenster in Ihrem Abteil geschlossen halten. Die Gefahr einer Bindehautentzündung ist sonst zu groß. Da Sie bei einer Zugfahrt den Zeitpunkt der Pausen nicht selbst bestimmen können, müssen Sie als Hundehalter

schon vor Fahrtantritt bei der Planung Ihrer Reise darauf achten, dass genügend Fahrtunterbrechungen bei der gebuchten Zugverbindung vorgesehen sind, damit der Hund auch sein »Geschäft« verrichten kann.

- Längere Strecken sind am bequemsten im Schlaf- beziehungsweise Liegewagen zurückzulegen. Ihr Hund kann, genauso wie Sie, die Fahrt im Schlaf meistern und es kommt nicht so schnell Langeweile oder Unruhe auf. Haben Sie vor der Fahrt noch einen ausgiebigen Spaziergang gemacht, dann sollte es für den Hund kein Problem sein, die Nacht durchzuhalten. Preise und Bestimmungen für die jeweilige Bahnreise müssen Sie erfragen. Sollten Sie tagsüber reisen, so achten Sie darauf, dass Sie nicht in der Hauptverkehrszeit unterwegs sind. Ein zu großes Gedränge im Zug bedeutet Stress für den Hund. Angenehmer ist das Reisen in einem Zugabteil und nicht in einem Großraumwagen. Im Speisewagen sind Hunde nicht erlaubt.

Mit dem **Flugzeug** können in verhältnismäßig kurzer Zeit gigantische Entfernungen zurückgelegt werden. Doch sind Flugreisen bei Hundehaltern nicht beliebt.

Zum einen wird der Hund ab einem bestimmten Gewicht in den Frachtraum verbannt, zum anderen stehen der Flugpreis, der Transfer zum Flughafen und der nicht zu unterschätzende Stress für das Tier in keinem Verhältnis zum Urlaubsvergnügen. Die meisten Fluggesellschaften befördern Hunde bis acht Kilogramm in der Fahrgastkabine. Die Transporttasche darf die Maße des zugelassenen Handgepäcks nicht überschreiten. Die Maße variieren je nach Fluggesellschaft, sind aber maximal 55 x 40 x 20 cm. Ist Ihr Hund schwerer als acht Kilogramm, hat er wenige Chancen, in der Kabine mitfliegen zu dürfen. Die Preise für einen Flug im Frachtraum richten sich auch nach den unterschiedlichen Fluggesellschaften und sind dort auch zu erfragen. Die Flugboxen können Sie im

Tierfachhandel oder bei einigen Fluggesellschaften erwerben. Je nach Größe bewegt sich die Anschaffung zwischen 50 und 150 Euro. Ebenso kann man sich die Boxen auch bei einigen Fluggesellschaften ausleihen oder Sie schauen rechtzeitig die Annoncen in den Kleinanzeigen durch. Manchmal werden solche Kennel preisgünstig abgegeben. Die Größe der Boxen muss so sein, dass Ihr Hund aufrecht stehen kann und genug Bewegungsfreiheit hat. Zu groß darf dieses Behältnis aber auch nicht sein, da sonst eine Verletzungsgefahr während des Transports besteht. Die Box ist mit Handtüchern und einer saugfähigen Unterlage auszupolstern. Gewöhnen Sie Ihren Hund zwei bis drei Monate vor Reiseantritt an die Box. Bei langen Flügen muss der Hund ausreichend Wasser und Futter in der Box haben. Was das Futter betrifft, so ist es nicht nötig, Ihren Vierbeiner tagelang auf Diät zu setzen. Normalerweise ist ein Hund in der Lage, etwa acht Stunden ohne Gassigehen auszuhalten. Sie sollten unmittelbar vorm Einchecken mit dem Hund einen ausgiebigen Spaziergang gemacht haben.

Wichtig!

- Vergessen Sie nicht, frühzeitig den Flug zu buchen und Ihren Hund extra anzumelden. Einige Fluglinien nehmen pro Flug nur eine bestimmte Anzahl Hunde mit.
- Treffen Sie am Tag des Fluges frühzeitig am Flughafen ein, weil man sich zusätzlich um das Einchecken des Hundes kümmern muss. Das Abgeben des Hundes in der Flugbox – meist am Sperrgepäckschalter – sollte möglichst spät stattfinden. Zurück bekommen Sie Ihren Hund meist am normalen Gepäckband des eigenen Fliegers.
- Nehmen Sie am besten zwei Fotos mit, eins von Ihrem Hund und ein Bild von Ihnen gemeinsam, damit Sie im Zweifelsfall beweisen können, dass das Tier Ihnen gehört.
- Schreiben Sie außen deutlich und in mehreren Sprachen auf die Transportbox, dass es sich um ein lebendes Tier handelt.
- Markieren Sie eindeutig, wo bei der Box »oben« ist.
- Eine kleine persönliche Nachricht in der Sprache des Ziellandes verstärkt die Beziehung zum Personal. Zum Beispiel »My name is Willy. I'm 6 years old and I'm a little scared. Please take good care of me!«

Die **Unterkunftssuche**

ist eine oft kniffelige Aufgabe, besonders, wenn man mit einem Hund unterwegs ist.

Wenn Sie sich in einer bestimmten Region einmieten, so haben Sie verschiedene Unterkunftsmöglichkeiten zur Auswahl: Hotels, Ferienhäuser, Campingplatz und private Unterkünfte. Für Ihren Hund ist es bei allen Möglichkeiten nur wichtig, an Ihrer Seite zu sein.

Es gibt inzwischen mehr **hundefreundliche Hotels,** als Sie annehmen würden. Auf eine konkrete Anfrage bekommen Sie meist eine positive Antwort. In einigen Häusern wird für den Hund eine gesonderte Reinigungspauschale verlangt. Ich habe die Erfahrung gemacht: Je besser die Hotelkategorie und je teurer das Haus ist, desto weniger Probleme hat man, sein Tier mitzubringen. Wichtig ist, dass Sie bei der Buchungsbestätigung die Mitnahme des Hundes vermerken lassen, nicht dass es am Anreisetag an der Rezeption zu Diskussionen kommt. Vor Ort sollten Sie noch speziell nachfragen, wo Ihr Hund sich im Haus aufhalten oder auch nicht aufhalten darf. In den meisten Hotels sind Hunde im Restaurantbereich und im Wellnessbereich aus hygienischen Gründen nicht gestattet. Das Verhalten Ihres Hundes sollte von Rücksichtnahme geprägt sein. Ihr Hund darf nicht das ganze Haus zusammenbellen oder geschweige denn das Zimmer verwüsten. Zur guten Eingewöhnung richten Sie Ihrem Tier am Urlaubsort sein eignes Plätzchen zum Schlafen – ob Matte, Decke oder im Hundebett – her. Auch sollten Sie ein Handtuch dabei haben, damit Sie den kleinen »Dreckspatz« vor dem Betreten des Hotels reinigen können. Stellen Sie Ihren Hund anderen Gästen und dem Personal vor, denn das schafft Vertrauen auf beiden Seiten.

Noch ein Tipp:

Wenn Sie sich ein Hotel ausgewählt haben und von dort aus gern Wandertouren machen möchten, dann können Sie sich, um Gepäck und Mühe zu sparen, das gesamte Futter für die Ferienzeit direkt an Ihre Urlaubsadresse liefern lassen. Es gibt einige Anbieter, die dies ohne Mehrkosten gern als Service bieten.

Ferienhäuser sind für den Urlaub mit Ihrem Hund optimal, besonders, wenn Sie mehrere Hunde haben. Sie sind Ihr eigener Herr und es gibt niemanden in unmittelbarer Nähe, der sich durch die Anwesenheit Ihres Hundes gestört fühlen könnte. Zu beachten sind die gleichen Dinge wie im Hotel. Viele der angebotenen Häuser sind hundefreundlich und auch im Reisekatalog gekennzeichnet. Falls ein Garten mit zum Mietobjekt gehört, sollte Ihr Hund nicht sein Geschäft im Garten verrichten und im Haus nur an seinem Platz liegen. Ein Hund gehört nicht ins Bett. Adressen von Anbietern, die hundefreundliche Ferienhäuser vermitteln, finden Sie im Anhang.

Hunde können auf den meisten **Campingplätzen** kostenfrei mitgenommen werden. Allerdings sollte Ihre Fellnase auf dem Platz nicht von der Leine gelassen werden und auch das Gassiführen direkt auf dem Platz wird selbstverständlich nicht gern gesehen. Nutzen Sie dafür die umliegenden Wiesen außerhalb des Platzes. Es ist ratsam, vor dem Buchen des Platzes nachzufragen, ob ein Hund erlaubt ist. Gute Auskünfte und eine Übersicht über Anlaufstellen in ganz Europa bekommen Sie beim ADAC in jeder Geschäftsstelle. Der ADAC bietet Mitgliedern in den Landesinfos ein kurzes Kapitel zu Einreiseformalitäten mit dem Hund an. Außerdem kann man dort den Camping- und Caravaning-Führer kaufen, in dem die verschiedenen Plätze aufgeführt sind und angegeben ist, ob Hunde erlaubt sind. Eine Übernachtung auf einem Campingplatz bietet sich besonders beim Wasserwandern an, da die Plätze meist an Flüssen gelegen sind.

Es sind immer wieder sehr hundefreundliche **Privatunterkünfte** zu finden. Welche Regeln Sie mit dem Hund einhalten müssen, wie viel Sie extra für den Hund bezahlen und so weiter ist reines Verhandlungsgeschick und mit dem Mieter auszuhandeln. In der Hauptsaison ist eine Vorausbuchung empfehlenswert.

Planung und Organisation einer Wanderreise

Reiseplanung

Eine Wanderreise spiegelt sehr stark die Persönlichkeit des oder der Reisenden wider. Während manche Wanderer Flexibilität schätzen, planen andere ihre Tour bis ins kleinste Detail. Doch egal welcher Wandertyp Sie sind: An- und Abreise, Verpflegung und Unterkunft sollten Sie immer planen, und bevor Sie und Ihr Vierbeiner losziehen, sollten Sie genau überlegen, welche Touren Sie unternehmen möchten. Soll es eine Tageswanderung mit dem Hund sein oder lieber mehrere Tage? Möchten Sie eine Strecken- oder Standortwanderung machen? Möchten Sie mit Ihrer Fellnase alleine wandern oder in einer Gruppe marschieren? Möchten Sie Ihre Wanderungen selbst organisieren oder eine organisierte Wanderreise buchen? Wie sieht es mit Ihrem Reisekostenbudget aus, wie mit der eigenen Kondition und der des Hundes?

Wenn Sie Ihr Reiseziel gefunden haben und wissen, welche Art von Wanderungen Sie unternehmen möchten, versuchen Sie zusätzliche Informationen dazu zu bekommen, etwa bei einem Wanderverein, durch Diavorträge oder Wanderzeitschriften. Auch wandererfahrene Freunde können Ihnen Tipps geben und eventuelle Routen empfehlen. Regionale Wanderkarten gibt es am besten direkt vor Ort. Achten Sie darauf, dass die Wanderkarten und -führer möglichst aktuell sind. Recherchieren Sie auch unbedingt vorher, ob die gewählte Route nicht gerade gesperrt ist. Das Internet ist eine gute Informationsquelle.

Reisekosten
Wanderreisen schonen den Geldbeutel, besonders wenn Kosten für Hotels und Restaurants wegfallen. Legen Sie zunächst fest, wie viel Sie ausgeben können und wollen. Planen Sie die An- und Abreise ein. Wanderführer geben Informationen über die Kosten der Zeltplätze, Hotels oder Gasthäuser. Planen Sie für längere Wanderungen finanzielle Reserven ein, um defekte Ausrüstung, aber auch Verbrauchsgüter zu ersetzen.

Planung einer Tageswanderung

Sie haben bereits mit Ihrem Vierbeiner kleine Spaziergänge unternommen und sich stetig gesteigert. Jetzt ist es soweit und Sie möchten eine Tageswanderung unternehmen. Eine Tageswanderung ist ideal, um sich auf eine längere Wanderung vorzubereiten, um die Kondition des Hundes und die eigene zu testen beziehungsweise zu verbessern, das eigene Tempo einzuschätzen und eventuell die neue Ausrüstung für Zwei- und Vierbeiner auszuprobieren. Bevor Sie losgehen, sollten Sie wissen, auf welchem Terrain Sie sich bewegen, um keine unliebsamen Überraschungen wie zum Beispiel unerwartete Kletterpartien zu erleben. Fragen Sie in Buchläden und/oder Tourismusbüros nach Informationsmaterial zu Ihrer Region. Große Wandergebiete und Naturparks haben ausgedehnte Wandernetze und gute Karten und Beschreibungen vorliegen. Brechen Sie nie ohne eine gute Karte oder einen guten Wander- beziehungsweise Reiseführer auf.

Wählen Sie für den Anfang eine Rundwanderung aus. Hier kehren Sie an den Ausgangspunkt zurück, ohne einen Teil des Weges zweimal gehen zu müssen. Wenn es keine vorgefertigten Rundwege gibt, kann man manchmal auch eine Rundwanderung »erfinden«, indem man einfach Abschnitte verschiedener Wege kombiniert. Wenn Sie keinen Rundweg finden oder »erfinden« können, sollten Sie wieder zu einem interessanten Ziel auf derselben Strecke zurückwandern. Alternative: Wenn Sie die Strecke gemeinsam mit anderen wandern und über zwei

Autos verfügen, können Sie zuerst zum Endpunkt fahren, einen Wagen dort abstellen und gemeinsam mit dem zweiten Auto zum Startpunkt fahren.

Geschwindigkeit und Entfernung

Um nicht mitten in der Nacht am Ziel anzukommen, ist es wichtig, vorab die Gehzeit und die Entfernung zu berechnen. Für die Berechnung der Gehzeit müssen Sie wissen, wie viele Kilometer Sie in einer Stunde bequem zurücklegen und wie viele Stunden Sie am Stück wandern möchten. Man überschätzt seine Kräfte recht schnell und meint, sechs oder sieben Stunden zügig wandern zu können. Tatsächlich wird das Tempo am Ende einer Wanderung beträchtlich langsamer. Wenn Sie mit einer Gruppe unterwegs sind, sollten Sie Ihre Gehgeschwindigkeit nach dem langsamsten Wanderer richten.

Zeitberechnung

Als Faustregel, um ungefähr die Gehzeit einer Wanderung zu ermitteln, gilt für Menschen mit normaler Kondition:
4 Kilometer = 1 Stunde Gehzeit,
400 Höhenmeter im Anstieg = 1 Stunde Gehzeit.
Summieren Sie die errechneten Gehzeiten, erhalten Sie einen ungefähren Anhaltspunkt für die Dauer Ihrer Tour.

Am Ende einer jeden Wanderung ist es schön, ein warmes Getränk zu trinken und eine Kleinigkeit zu essen. Ziehen Sie dies im Vorfeld bei Ihrer Planung schon in Betracht und erkundigen Sie sich nach hundefreundlichen Gaststätten. Nicht in jedem Gasthaus sind Hunde willkommen. Sind Sie in einer Gruppe unterwegs, melden Sie die Gruppe vorher beim Gastwirt an. Viele Gasthöfe lassen auch eine größere Gruppe von Hunden gern zu, reservieren dann aber extra einen Raum.

Planung einer Zweitageswanderung

Für Ihre erste Zweitageswanderung sollten Sie ein nahe gelegenes Ziel ins Auge fassen und schönes Wetter abwarten. Auf einer Route mit niedrigem Schwierigkeitsgrad in einer bekannten Gegend ist es leichter, sein Tempo zu finden und das Einmaleins des Zeltens und der Outdoorküche zu erlernen.

Solch eine Zweitageswanderung ist eine wunderbare Gelegenheit, mit dem eigenen Hund, der Familie und Freunden zusammen zu sein. Mehrere Personen bedeuten außerdem Sicherheit und das Gewicht von Zelten und Kochausrüstung kann auf mehrere Schultern verteilt werden. Diese Art des Wanderns erfordert weniger Organisationstalent als ein herkömmlicher Urlaub, weil Sie keine Ferienwohnung mieten und kein Transportmittel organisieren müssen. Ihr Zelt ist Ihre Herberge und Ihre Füße sind Ihr Fortbewegungsmittel.

Ein Wanderführer für Ihre ausgewählte Region enthält vermutlich Dutzende von Wandervorschlägen. Suchen Sie nach gut ausgeschilderten, leichten Routen mit Zeltplätzen. Erfragen Sie, ob Hunde auf den Zeltplätzen für eine Nacht geduldet werden und ob Wasserstellen und WC vorhanden sind. Wenn Sie wissen, wo Sie wandern wollen, können Sie auch auf Internetrecherche gehen oder Mitglieder des ortsansässigen Wandervereins befragen. Örtliche Verkehrsvereine geben auch gern Tipps.

Der vielleicht häufigste Anfängerfehler ist eine zu ehrgeizige Durchführung einer Wandertour. Das Gehen auf Wanderwegen unterscheidet sich stark von dem in der Stadt. Außerdem erhöht das zusätzliche Gewicht eines Rucksacks den Kraftaufwand, der für jeden Schritt erforder-

lich ist. Anfänger bekommen deshalb häufig Blasen und Muskelkater. Es ist besser, zunächst eine kurze, einfache Wanderung zu planen. Beachten Sie vor allem auch die Sicherheitsaspekte. Zelten Sie im Gebirge nicht oberhalb der Baumgrenze geschweige denn auf Bergsätteln und Gebirgskämmen, wo Sie Stürmen ausgesetzt sind. Im Frühling können noch viele Wanderwege schneebedeckt, vereist und sumpfig sein.

Je mehr Informationen Sie vorher sammeln, desto angenehmer wird die Wanderung verlaufen und desto mehr Spaß haben Sie und Ihr Hund am Wandern.

Das Wichtigste

Überlegen Sie, wie viele Kilometer Sie pro Tag zurücklegen wollen: 10 - 13 km sind im Allgemeinen genug für Anfänger; erfahrene Wanderer schaffen leicht das Doppelte.

Bleiben Sie realistisch beim Einschätzen Ihrer Fähigkeiten, auch wenn Sie nur wenig Zeit haben oder einen längeren Weg zurücklegen wollen. Berücksichtigen Sie dabei das Gewicht Ihres Gepäcks, Steigungen und die Fitness Ihrer zwei- und vierbeinigen Begleiter. Planen Sie Zeit für Pausen, zum Essen und Verschnaufen ein.

Planung einer Mehrtageswanderung

Eine mehrtägige Wanderung ist eine echte Chance, den Alltagstrott hinter sich zu lassen, Ruhe und Kraft zu schöpfen und das Abenteuer mit dem Gefährten ohne Zwang, ohne Fremdbestimmung und Massentourismus zu begegnen. Suchen Sie sich möglichst interessante Routen und die dafür geeignete Wanderzeit aus, damit sich die Investitionen in die Reise richtig lohnen.

Ebenfalls zu klären ist: Sind die Wege für Hund und Herrchen/Frauchen ideal? Was ist bei der Anreise zu beachten? Schnuppern Sie auch hier wieder in Wanderführern und im Internet nach möglichst vielen Informationen. Besorgen Sie sich gutes, aktuelles Kartenmaterial und zeichnen Sie die Wanderwege in die Karte ein. Wenn Sie auf ausgeschilderten Wegen unterwegs sind, brauchen Sie nicht viel mehr zu tun, als den Weg auf der Karte zu suchen und der Markierung zu folgen. Später finden Sie sich auf der Karte schneller zurecht. Markieren Sie auch Gasthöfe, Wasserstellen und längere Anstiege.

Internet-Recherche
Mit ein bisschen Übung findet man im Internet Unmengen an wichtigen Informationen, Suchmaschinen helfen dabei. Websites für Wanderfans liefern nützliche Informationen zum Thema Wandern. Auf Internetseiten finden Sie unter anderem häufig Wanderführer-Empfehlungen. Material können Sie oft auch gegen eine Gebühr herunterladen.

Allein oder in der Gruppe unterwegs?

Wanderexperten empfehlen, mit einem Partner oder in der Gruppe zu wandern, weil dies bei Unfällen oder in Notsituationen mehr Sicherheit bietet. Eine ideale Wandergruppe umfasst zwischen zwei und sechs Teilnehmer. Größer sollte die Gruppe nicht sein, denn Entscheidungsprozesse sind dann oft schwerfällig. Ebenso kann es bei der Wahl der Unterkunft bei größeren Gruppen, gerade auch wenn Hunde mit dabei sind, problematisch werden. In einer Gruppe zu wandern kann zudem äußerst lohnend sein, da jedes Mitglied unterschiedliche Fähigkeiten und Interes-

sen mit einbringt, von denen alle profitieren. Auch für Ihren Hund ist das Wandern in der Gruppe noch schöner. Zum einen können alle Hunde laufen, toben und sich auch mal messen. Zum anderen können die Tiere wichtige Sozialkontakte knüpfen und ihre Umwelt artgerecht erkunden. Auch das gemeinsame Erleben von Natur und Geselligkeit ist eine schöne Erfahrung, wenn man mit Gleichgesinnten unterwegs ist. Wenn Sie

mit einem Hunderudel unterwegs sind, sollten Sie beachten, dass es ab und an zu Spannungen unter den Hunden kommen kann. Diese Spannungen sind völlig normal und schnell wieder beseitigt. Generell gilt aber, dass unverträgliche Hunde für Hundewanderungen in einer Gruppe ungeeignet sind. Mit Rücksicht auf die Rüden sollte eine läufige Hündin nicht an Wandertouren teilnehmen.

Organisierte Hundewanderreisen

Wenn Ihnen die Planung eines Wanderurlaubs auf eigene Faust zu unsicher ist und Sie in der Gemeinschaft auf Tour gehen möchten, können Sie eine Reise über einen Veranstalter buchen. Bei geführten Wanderungen wird Ihnen nicht nur die Reiselogistik – Planung, Ausrüstung, Proviant, Tagespläne, Reise- und Notfallmanagement – abgenommen, sondern diese Touren eröffnen Ihnen auch Einblicke in die Kultur- und Naturlandschaften der besuchten Regionen, wie Sie sie selbst mit der besten Reiseliteratur nicht gewinnen können. Gewandert wird jenseits der ausgetretenen Pfade. Unvergessliche Erlebnisse und Kontakte vermitteln Ihnen die Wanderleiter, die die Wandertouren kennen und lieben. Umfangreiches Fachwissen und das Talent im Umgang mit Mensch und Hund prägen die Atmosphäre in den Reisegruppen. Geführte Reisen eignen sich für alle, die nicht viel Zeit für die Planung aufwenden möchten oder können.

Alleinreisende schätzen an geführten Touren das Gemeinschaftserlebnis und Anfänger erkunden auf sichere Weise Wandergebiete, in die sie sich alleine nicht trauen. Die Preise für geführte Hundewanderungen sind sehr unterschiedlich. Gute Unternehmen arbeiten mit ausgebildeten Hundetrainern und Reiseleitern beziehungsweise Wanderleitern. Beimanchen Anbietern haben Sie die Möglichkeit, den Schwierigkeitsgrad der Wanderung zu wählen. So können Sie, gemessen an Ihrer Kondition und der Ihres Hundes, eine Reise auswählen, die rundum Spaß macht und niemanden überfordert.

Geführte Wanderungen reduzieren den Planungsaufwand erheblich. Ob es die richtige Reiseform für Sie und Ihren Hund ist, können Sie mit den folgenden Fragen klären:

- Welche körperlichen Anforderungen stellt die Reise (Wanderetappen, Wandergeschwindigkeit, Gelände)?
- Sind Sie diesen Anforderungen gewachsen?
- Ist Ihr Tier den Anforderungen gewachsen?
- Wandern Sie gern in Gesellschaft?
- Sind Sie bereit, sich eine Unterkunft mit Menschen und Hunden zu teilen, die Sie nicht kennen?
- Sind Sie fit genug, um gleichmäßiges Tempo zu halten und flexibel genug, Ihr Tempo zu drosseln, wenn die Gruppe langsamer ist?
- Ist Ihr Hund sozialverträglich anderen Hunden und Menschen gegenüber?
- Akzeptieren Sie, dass ein anderer Ihren Wanderplan festlegt und Ihren Tagesablauf bestimmt?
- Sind Sie bereit, auch Aufgaben zu übernehmen?

Vorbereitung und Ausrüstung

Naturwissen und Umweltschutz

Je intakter die natürliche Umgebung ist, desto schöner und spannender ist eine Wanderung mit Ihrem Hund.

Selbstverständlich sollten Sie als Wanderer die Natur achten und persönlich dazu beitragen, dass die Schönheit und die Wunder der Natur erhalten bleiben. Um optimal zum Schutz der Natur beizutragen, ist Verständnis wichtig. Gehen Sie mit offenen Augen durch den Wald und nehmen Sie sich Zeit für Bäume, Blumen und Sträucher. Wie heißen beispielsweise die Bäume?

Wer von Ihnen die Bäume zu unterscheiden weiß, der wird sich auch für ihr Leben interessieren.

Wann entrollen die Bäume ihre Blätter? Welche Früchte tragen sie? Gibt es immergrüne Laubbäume? Diese nach und nach erworbenen Kenntnisse führen zu einem immer tieferen Verständnis und erhöhen wesentlich das Wandervergnügen. Für Wanderanfänger bietet es sich an, ein kleines Büchlein mit den wichtigsten Bäumen, Blumen oder Sträuchern zu kaufen. Auch gibt es gute Pilzbücher. Nehmen Sie das Buch mit auf Ihre Tour durch die Natur und Sie werden eine andere, aber wunderschöne Wanderung durch die Natur erleben.

Training und Gesundheit

Die Situation kennen Sie vielleicht: Man strengt sich an, keucht, schwitzt und windet sich bergan, während andere leichten Fußes überholen. Ein bisschen Neid kommt auf und ein bisschen Bewunderung. Denken Sie immer daran, dass es beim Wandern nicht auf Schnelligkeit ankommt, sondern auf die Qualität des Erlebens. Trotzdem sollten Sie und Ihr Hund bereits über eine mittlere bis gute Kondition verfügen, dann fällt Ihnen die erste Wanderung leichter.

Grenzen erkennen:

- Lassen Sie sich Zeit, bevor Sie große Steigungen angehen.
- Überfordern Sie sich und Ihren Hund nicht.
- Machen Sie mindestens ein Mal pro Stunde eine Pause.
- Essen, Trinken und Pausen bewirken Wunder, wenn Ihre Stimmung oder Ihr Energiepegel sinkt, auch bei Ihrem Hund. Beim Hund eignen sich proteinhaltige Snacks, wie zum Beispiel getrockneter Fisch, als energiespendende Zwischenmahlzeit besonders gut. Bei uns Menschen empfehle ich einen Apfel, eine Banane, Traubenzucker oder einen Schokoriegel.
- Gehen Sie langsamer und ändern Sie gegebenenfalls Ihre Pläne, wenn Sie merken, dass Ihr Ziel zu ehrgeizig war.

Es ist ratsam, dass Sie und Ihr Tier sich vor einer bevorstehenden Wandertour komplett vom Arzt durchchecken lassen.

Sie lieben gemeinsame Unternehmungen mit Ihrem Vierbeiner in der Natur – bei jedem Wetter. Die richtige Ausrüstung und die passende Outdoor-Bekleidung sind da wichtig:

Ausrüstung für Zweibeiner

Wanderschuhe und Strümpfe

Die Wahl des Schuhwerks hängt von der Geländebeschaffenheit und auch der Dauer Ihrer Tour ab. Es muss aber in jedem Fall bequem sein. Normale Sportschuhe können Wanderschuhe allerdings nicht ersetzen. Sie haben keine Bodenhaftung, stützen auch nicht das Fußgelenk und sind schweißfördernd. Sie sind für kurze Spaziergänge geeignet.

Für eine Wanderung in ebenem oder hügeligem Gelände können Sie leichtes Schuhwerk mit einem niedrigen Schaft tragen. Diese Schuhe sind in der Regel aus Stoff, verfügen aber über eine Profilsohle.

In schwierigerem Gelände benötigen Sie festes Schuhwerk mit einem hohen Schaft, um Fußgelenke günstig und angenehm zu unterstützen. Die Fußknöchel sollten gut gestützt, das Profil der Sohle kräftig sein. Kaufen Sie Ihren Outdoorschuh bei einem Fachhändler. Er bietet kompetente Beratung und hat meist einen Testparcours mit schrägen Ebenen, Geröll und Steinen.

Strümpfe haben mehrere Aufgaben. Sie müssen den Fuß warm halten, den Schweiß absorbieren und die Reibung des Fußes im Schuh verringern. Dicke Wollstrümpfe haben einen hohen Tragekomfort, es gibt jedoch Kunstfasersocken, die schweißhemmend sind und die Bildung von Blasen verhindern.

Der richtige Rucksack

Ein Rucksack ist bei Wandertouren ein unerlässlicher Begleiter. In ihm können Sie alles verstauen, was Sie zu einer Wanderung benötigen. Für eine kurze Wanderung brauchen Sie keinen Riesenrucksack. Ein hoher, schmaler Rucksack mit einem Volumen von um die 20 Liter reicht vollkommen aus. Sind Sie jedoch mit Ihrem Hund mehrere Tage oder gar Wochen unterwegs, benötigen Sie schon einen Rucksack, der zwischen 30 und 70 Liter fasst. Achten Sie darauf, dass er solide verarbeitet und praktisch ist. Er sollte an der Seite und vorne mehrere Taschen, dazu auch Stockschlaufen und ein Rückenpolster besitzen. Gepolsterte Tragegurte bieten zusätzlichen Komfort; Zugriemen im Inneren sorgen dafür, dass alles an seinem Platz bleibt.

Den Rucksack richtig packen:
Legen Sie Ihre Ausrüstung zurecht. Achten Sie auf eine optimale Gewichtsverteilung. Schwere Gegenstände müssen zum Rücken hin gepackt werden, leichte hingegen wie etwa Kleidungsstücke davor. Verstauen Sie die Dinge, die Sie häufig benötigen wie Trinkflasche, Verpflegung, Sonnenschutzmittel und Wanderkarte in den seitlichen Taschen oder ganz oben im Rucksack, damit Sie einen schnellen Zugriff haben. Faustregel: Jeder kann einen Rucksack tragen, der 20 Prozent seines Körpergewichtes wiegt. Also 10 Kilogramm für eine Frau, die 50 Kilogramm auf die Waage bringt und 16 Kilogramm für einen 80 Kilogramm schweren Mann.

Wanderstöcke

Wenn Sie mögen, dann können Sie auf Ihren Wanderungen Trekkingstöcke nutzen, dies ist jedoch von der persönlichen Vorliebe abhängig. Wanderstöcke entlasten die Beinmuskulatur, insbesondere die Knie und Schienbeine bei längeren Abstiegen. Einige Wanderer kommen damit gut zurecht, andere betrachten die Stöcke als unnütz.

Die Verwendung von Trekkingstöcken ist eine Frage der persönlichen Vorliebe.

Wenn keine Hütten oder sonstige Unterkünfte zur Verfügung stehen oder wenn Sie einfach das Kampieren unter freiem Himmel mit Ihrem Vierbeiner vorziehen, brauchen Sie eine gute Ausrüstung, und zwar einen Schlafsack mit Isomatte und ein Zelt.

Schlafsack

Ein guter Schlafsack ist die Voraussetzung, um eine Nacht im Trockenen und Warmen zu verbringen. Ideal ist ein Mumienschlafsack. Die integrierte Kapuze verhindert Wärmeverlust über Kopf, Hals und Schultern. Ein Reißverschluss erleichtert den Zugang. Achten Sie bei Ihrer Entscheidung für ein Modell vor allem auf die Füllung. Daunen sind leicht und warm und bei großer Kälte ideal. Allerdings verliert ein Daunenschlafsack, wenn er Feuchtigkeit aufnimmt, schnell seine Fähigkeit zur Wärmespeicherung. Eine Kunststofffüllung ist zwar schwerer, dafür aber weniger feuchtigkeitsempfindlich. Sie trocknet auch schneller. Schlafsäcke unterscheiden sich durch ihren Komfortbereich, der angibt, bis zu welcher Temperatur sie noch warm halten. Bei Wanderungen im Sommer reicht ein Schutz bis 12 Grad Celsius. Im Hochgebirge hingegen sollte der Schlafsack bis minus 15 Grad Celsius warm halten.

Isomatte

Die Isomatte bildet die Unterlage des Schlafsacks. Ihr Schaumstoff schützt gegen die Kälte und Feuchtigkeit des Bodens. Die klassischen Modelle sind sehr preiswert, die selbstaufblasbaren, leichten und widerstandsfähigen Isomatten sind jedoch bequemer.

Zelt

Das passende »Zuhause« für eine Wanderung zu finden, ist nicht ganz einfach: Aus unzähligen Modellen gilt es, das Zelt auszuwählen, das Ihren Anforderungen exakt entspricht. Das wichtigste Kriterium beim Zeltkauf ist aber das Gewicht. Es sollte nicht mehr als 1,5 Kilogramm pro Person betragen. Seine Packgröße, seine Solidität, seine Größe und sein Preis sind weitere Kriterien, die zu berücksichtigen sind. Es gibt, wie schon oben erwähnt, verschiedene Modelle: Der Aufbau des klassischen Trekkingzelts (Firstzelt) ist am kompliziertesten, doch im Laufe der Zeit hat es zahlreiche Verbesserungen erfahren. Das Tunnelzelt für ein oder zwei Personen ist das leichteste und sein Aufbau ist sehr einfach. Zwei bis drei parallele Bügel dienen als Zeltgestänge. Das Tunnelzelt hält dem Wind relativ gut stand. Igluzelte, oder auch Kuppelzelte genannt, sind sehr stabil und geräumig. Ihre überkreuzten Zeltstangen ermöglichen eine beträchtliche Innenhöhe.

Ich werde immer wieder von meinen Kunden gefragt, wie man dafür Sorge trägt, dass der Hund am Zelt bleibt. Halten Sie am besten schon bei der Suche Ihres Lagerplatzes Ausschau nach einem Baum, einem Zaun oder Fels, um den Sie dann die Hundeleine schlingen können. Sollten Sie nichts dergleichen finden, bieten sich die sogenannten »Stakeoutpflöcke« aus dem Schlittenhundesport an. Diese leicht überdimensionalen Korkenzieher mit einem dreieckigen Griff mit drehbarer Befestigungsöse an der Oberseite, können Sie im Hundefachhandel erwerben. Sie lassen sich problemlos in einen Wiesenboden drehen.

Bekleidung

Ihre Wanderbekleidung sollte Sie vor Wind, Kälte, Regen und Hitze schützen und gleichzeitig ein angenehmes Körperklima gewährleisten. Die Kleidung muss ebenfalls starken Beanspruchungen standhalten und leicht sein. Die richtige Outdoorkleidung zu finden ist nicht einfach, da sich in diesem Bereich zahllose Hersteller mit ebenso vielen Produkten auf dem Markt tummeln.

Wenn Sie morgens bei strahlendem Sonnenschein losmarschieren, können Sie wenig später von einem Regenguss überrascht werden. Ihre Kleidung sollte von daher funktional und vielseitig sein. Bewährt hat sich beim Tragen der Kleidung das sogenannte »Zwiebelprinzip«. Eine Zwiebel besteht aus vielen dünnen Lagen und einer robusten Außenhaut. Schicht für Schicht lässt sich die Zwiebel entblättern. Es spricht einiges dafür, das Prinzip der Zwiebel zu übernehmen. Aus vielen dünnen Schichten entsteht ein Schutz, der sich durch Kombinieren, Hinzufügen und Entfernen von Schichten den unterschiedlichsten Wettersituationen und Temperaturverhältnissen anpassen lässt. Jedes Kleidungsstück können Sie prinzipiell auch separat tragen. Das Zwiebelprinzip trägt dazu bei, mit geringst möglichem Wandergepäck auszukommen und dennoch für alle Situationen gut gerüstet zu sein. Materialien wie Wolle, Mikrofaser, Fleece oder Daunen eignen sich hervorragend für das Zwiebelprinzip, da sie gut isolieren.

Vertrauen Sie beim Kauf Ihrer Wanderausrüstung auf eines der zahlreichen Spezialgeschäfte, die Ihnen neben Schuhen, Bekleidung und Rucksäcken auch viele andere nützliche Ausrüstungsgegenstände für Ihre nächste Wanderung verkaufen. Das Thema Ausrüstung ist unerschöpflich.

Ausrüstung für Vierbeiner

Wer sich mit seinem Hund auf die Socken macht, sollte über eine gute Ausrüstung für seinen Vierbeiner im Vorfeld nachdenken. Unterwegs muss man mit dem klar kommen, was man dabei hat und muss sich auf seine Ausrüstung verlassen können.

Halsband / Geschirr

Beim Thema Halsband oder Geschirr scheiden sich die Geister. Ich will in diesem Buch weder für die eine noch für die andere Seite Partei ergreifen, schließlich muss jeder selbst wissen, was sein Hund trägt.

Für eine Wandertour in schwierigerem Gelände ist aber meiner Meinung nach ein Geschirr die erste Wahl. Es gibt sogenannte Wandergeschirre bzw. Drei-Punkte-Hundegeschirre. Diese Geschirre schaffen eine sichere Verbindung zwischen Hund und Mensch und vermitteln Ihrem Tier das Gefühl von Sicherheit und Unterstützung. Es wurde für Hunde im Fahndungs- und Rettungsdiensteinsatz entwickelt, kommt aber bei der Lawinensuche ebenso bei Wanderungen zum Einsatz. Der flachgehaltene Tragegriff ermöglicht ein sicheres Zupacken in Gefahrenmomenten oder wenn Ihr Hund Hilfe beim Überwinden von Hindernissen braucht. Der Spinnennetz-Schnitt verbessert die Lastverteilung und Unterstützung, fellschonendes Innenfutter aus neoprenartigem EVA-Schaum mit guter Belüftung ermöglicht dauerhaftes Tragen während der Wanderung. Solch ein Geschirr können Sie problemlos im Internet bestellen. Dafür ist es nötig, Ihren Hund gut zu vermessen.

Auf »normale« Geschirre, welche im Fachhandel erhältlich sind, würde ich nicht zurückgreifen. Ihr Hund kann zu leicht aus solch einem Geschirr rutschen.

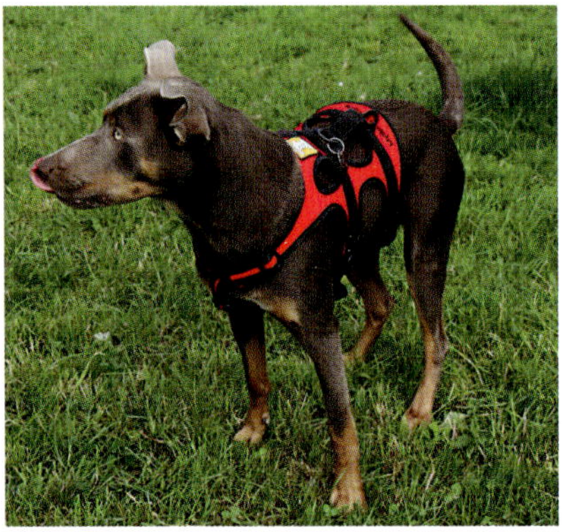

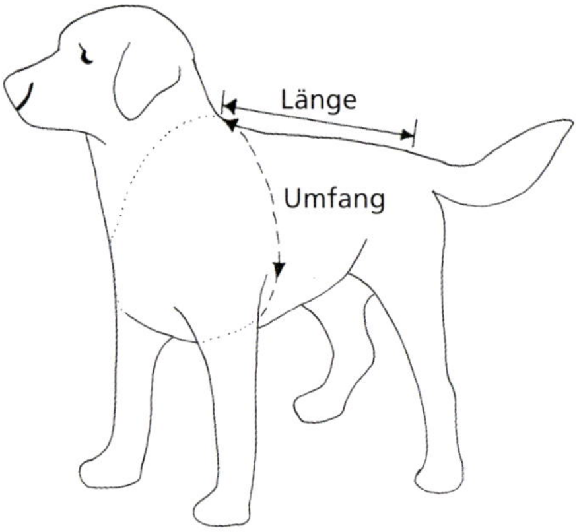

Ein hochwertiges, gut passendes Drei-Punkte-Geschirr kann in schwierigen Situationen eine große Hilfe sein.

Sinnvoll ist es, wenn Sie Ihrem Hund an das Halsband oder Geschirr einen Anhänger mit Heimat- und Urlaubsadresse anstecken. Die Sicherheit geht vor.

Leine

Eine Leine müssen Sie unterwegs dabei haben, da beißt die Maus keinen Faden ab. Aus Erfahrung kann ich sagen, dass eine zwei Meter lange Leine sich in den meisten Fällen als ausreichend herausgestellt hat. Wenn Sie viel Platz in Ihrem Rucksack haben und es gewohnt sind, mit einer Rollleine spazieren zu gehen und deren Komfort nicht missen möchten, dann nehmen Sie sie mit. Im Gebirge kann ich solch eine Leine aber nicht empfehlen, denn da sollten Sie ja lieber den Hund frei laufen lassen, um ihm seinen eigenen Gehrhythmus zu ermöglichen. Außerdem ist eine Rollleine extrem unhandlich und es kann schnell passieren, dass man sich selbst in ihr verwickelt. So wie es mir fast ständig passiert. Ich wickle aber auch gern andere Mitwanderer ein ... Eine »normale« Leine mit Karabinerhaken an beiden Enden können Sie gut, um die Hände frei zu haben, mal eben durch Ihre Gürtelschlaufen ziehen oder am Bauchgurt Ihres Rucksacks befestigen. Bitte denken Sie auch an eine Ersatzleine.

Wenn Sie bereits ein LED-Blinklicht für Ihren Hund haben, welches Sie am Halsband oder Geschirr befestigen, dann nehmen Sie dies auch auf einer Wandertour mit. Das kann sinnvoll sein, wenn Sie bei Dämmerung noch ein kleines Stück am Straßenrand gehen müssen um eventuell zum Parkplatz zu gelangen. Sie sollten aber immer schauen, dass Sie von einer Wandertour kommen, bevor die Dämmerung eingesetzt hat.

Hundeschuhe

Wie schon zuvor erwähnt, kann es schon einmal vorkommen, dass der Hund als dauerhafter Wanderbegleiter sich die »Sohlen« seiner Pfoten durchläuft, besonders wenn viel auf Asphalt und Schotterwegen gelaufen wird.

Hundeboots gibt es aus verschiedenen Materialien im Fachhandel, so zum Beispiel die Bark'n Boots™ der amerikanischen Firma *Ruff Wear*, die ich aus eigener Erfahrung empfehlen kann. Das sind Schuhe für jedes Gelände und sie können während der gesamten Wandertour getragen werden. Es empfiehlt sich, dem Hund solche Schuhe präventiv anzuziehen. Bei sehr guten Schuhen ist die abriebfeste und profilierte Sohle anatomisch geformt und das Material ist atmungsaktiv. Die natürliche Abrollbewegung der Hundepfote wird un-

Gute Pfotenschuhe beugen vielen Problemen vor.

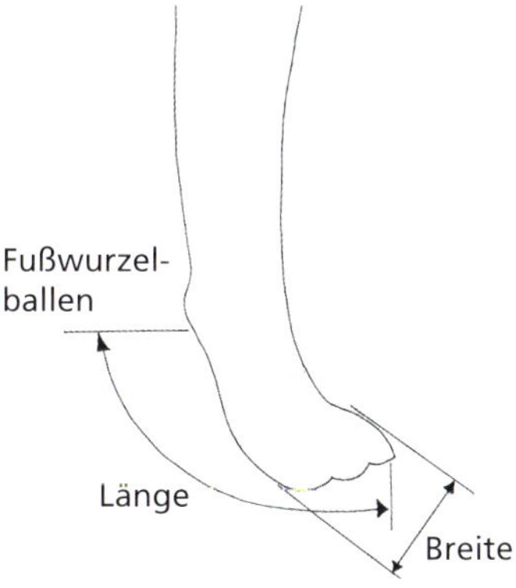

Hundeboots richtig messen.

Hundeschuhe Bark'n Boots™ von Ruff Wear.

terstützt und der Fuß kann atmen. Sie sollten allerdings genau den Fuß Ihres Hundes ausmessen und schauen, dass der Hund in dem Schuh noch Platz vorne zum Abrollen hat. Wenn Sie einen Fachhandel vor Ort haben, der solch gute Hundeschuhe führt, dann gehen Sie mit Ihrem Hund in das Geschäft und probieren die Schuhe an. Ihr Hund wird bestimmt nicht sofort mit allen vier Boots laufen können. Gönnen Sie dem Tier eine Eingewöhnung von zirka einer Woche.

In einigen Zoofachgeschäften werden diverse andere, günstigere Pfotenschuhe, zum Beispiel aus Neopren, angeboten. Diese Schuhe eignen sich sehr gut als Schutz bei kleinen Verletzungen, sind aber nicht als »Laufschuhe« zu sehen. Hundeschuhe sind für den Hund wie gute Wanderschuhe für uns Menschen.

Tipp: Auch bei einer verletzten Pfote ist es ratsam, mindestens zwei Pfotenschuhe zu tragen, weil der Hund dann »runder« läuft und nicht so stark humpelt und sich verspannt. Noch besser sind selbstverständlich vier Schuhe.

Wasser- und Futternapf

Auf jeder Tour ist es unabdingbar, einen Wasser- und Futternapf für den Hund dabei zu haben. Es empfiehlt sich, einen faltbaren Napf zu nehmen. Diese sind sehr leicht und können gut im Rucksack transportiert werden. Es gibt auch ausklappbare Hundetränken für unterwegs, die Flasche und Napf in einem sind. Die sind zwar vom Gewicht her etwas schwerer, eignen sich aber auch gut für eine Wandertour.

Liegeplatz für den Hund

Da Sie mit Ihrem Tier auf den Wanderungen auch etwas längere Pausen einlegen, sollten Sie einen Liegeplatz für den Hund im Gepäck haben. Das kann eine Ihrem Hund bekannte Hundedecke sein oder eine Schlafunterlage. Sehr oft habe ich schon erlebt, dass mein Hund gar keine Decke etc. braucht und sich viel lieber ins frische Gras legt und zufrieden wie ein Baby schläft. Nur wenn kein Gras da ist und man mitten im Geröll sein

Lager aufschlägt, ist es durchaus von Vorteil, man hat etwas Kuscheliges für den Hund dabei, denn auch ein Hund braucht auf Wanderschaft Ruhephasen und muss seinen Platz dafür kennen. Auch wenn Sie unterwegs mit Ihrem Hund einkehren weiß er gleich, wo er sich hinlegen kann, wenn Sie ihm seinen bekannten Liegeplatz aus dem Rucksack holen.

Hundehandtuch

Ein Handtuch zum Trockenreiben des Hundes sollte in Ihrem »Handgepäck« nicht fehlen. Empfehlen kann ich Ihnen sogenannte »Schwimmhandtücher«. Diese Handtücher sind aus extrem saugfähiger Mikrofaser und wahre Wundertücher: Abtrocknen, kurz auswinden und die anfängliche Saugfähigkeit ist erneut vorhanden. Die Tücher erhalten Sie in jedem Sport- oder Outdoorgeschäft und nach dem Gebrauch kann man das Handtuch in die mitgelieferte, leichte Plastikbox packen. Super praktisch, denn wer hat schon gerne ein nasses und nach Hund riechendes Frotteehandtuch im Rucksack!

Verpflegung

Reiseproviant gehört mit in den Rucksack für eine Wandertour. Bitte beachten Sie, dass ein abrupter Futterwechsel oft zu Magen-Darm-Störungen führen kann. Stellen Sie Ihren Hund rechtzeitig auf Reisefutter um. Am besten wählen Sie ein gut verträgliches Trockenfutter aus.

Wenn Sie sich entschieden haben, eine Streckenwandertour zu laufen, wählen Sie ein Futter mit etwas höherem Energiegehalt aus. Das wird Ihrem Hund höchstwahrschein sehr gut tun, denn er verbrennt unterwegs sehr viele Kalorien.

Ein großer Vorteil vom Trockenfutter: Es verdirbt bei warmen Temperaturen nicht so schnell und Dosenfutter bedeutet wieder zusätzliches Gewicht im Rucksack. Zur Umstellung wird dem alten Futter schrittweise etwas vom neuen Futter beigemischt. Über Tage steigern Sie dann den Anteil so weit, bis das alte Futter ganz ersetzt wird. So kann die Darmflora problemlos an die neue Nahrung gewöhnt werden.

Hunderucksack / Packtaschen

»Super, endlich mal jemand der seinen Hund beim Tragen mit einbezieht«, »Mama, Mama, ein Blindenhund«, »Och, der arme Hund«, »Unmöglich«, so oder ähnlich klingt es in der Umgebung wenn man mit einem Hunderucksack tragenden Tier unterwegs ist. Die einen sind begeistert, die anderen völlig entsetzt. Meine Erfahrungen haben gezeigt, dass viele der Hunde diese »Arbeit« gern ausführen. Sie sind mit Ihrem

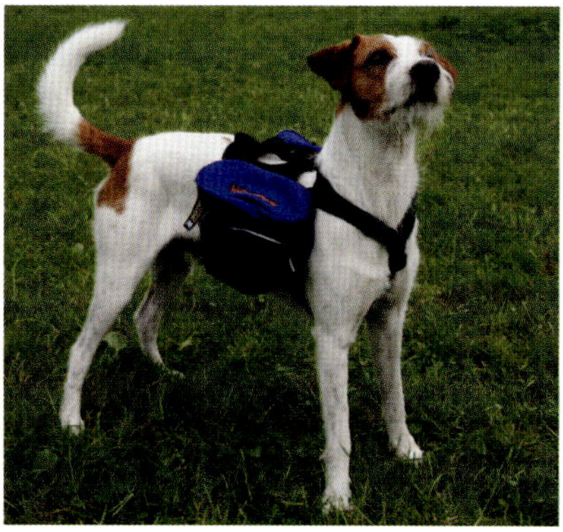

Tier auf einer Trekkingtour unterwegs und gehen mit ihm durch dick und dünn, dann bietet es sich an, den Hund den eigenen Rucksack mit ein bisschen Futter und Wasser tragen zu lassen. Schließlich zählt jedes Gramm, das Sie nicht schleppen müssen. Aber auch in anderen Bereichen kommen Packtaschen für den Hund in Betracht. Sie können die Taschen zur Auslastung dem Hund aufsetzen, zum Spaß, zum Muskelaufbau und zum Koordinationstraining.

Welche Hunderassen sind zum Tragen geeignet?

Packtaschen eignen sich für jeden gesunden Hund. Wenn Sie allerdings Besitzer eines sehr kurzläufigen Hundes sind oder Besitzer eines Hundes mit extrem langen Rücken, wie zum Beispiel dem Dackel, ist das Training fürs Gelände nicht empfehlenswert, sondern nur als Spaßfaktor zu sehen. Einige Firmen haben Packtaschen extra für kleine Hunde im Angebot. Das »richtige« Tragen gefüllter Packtaschen ist erst für Tiere ab einer Höhe von etwa 40 cm und einem Körpergewicht von etwa 18 Kilogramm angemessen.

Ab welchem Hundealter trainieren?

Das Training mit beladenen Taschen sollten Sie nur mit ausgewachsenen Hunden beginnen, denn Sie sollten auch nur mit ausgewachsenen Hunden auf Wanderschaft gehen. Im Durchschnitt, je nach Rasse, also in einem Alter zwischen zwölf Monaten und zwei Jahren, bei Spätentwicklern unter den Hunden erst mit gut drei Jahren. Selbstverständlich können Sie mit der Gewöhnung an einen leeren Rucksack bereits früher beginnen.

Wie beginnen Sie mit dem Training?

Aus Erfahrung kann ich sagen, dass nur sehr wenige Hunde Probleme mit den Hunderucksäcken haben. Meist kann man sie anlegen und unbeladen mit ersten Spaziergängen und kleinen Wandertouren starten. Üben Sie während der Tour alltägliche Dinge wie Sitz, Platz und Steh. Hunde, die etwas unsicher oder skeptisch mit den Packtaschen umgehen, sollten Sie sehr langsam an die Taschen gewöhnen. Lassen Sie zunächst den Hunderucksack einige Tage ohne Beachtung in der Wohnung liegen. Eine kurze Beschnüfflung gepaart mit Leckerchen wird schnell das Interesse an dem

»Ding« wecken. Sobald Ihr Hund die Tasche akzeptiert, können Sie mit dem Umschnallen beginnen. Funktioniert dies noch nicht so gut, sollten Sie die Übung zunächst mit einem Handtuch durchführen: Einmal falten und über den Rücken des Hundes legen. Reagiert Ihr Hund ängstlich, beruhigen Sie ihn nicht, denn sonst bestärken Sie dieses Verhalten und belohnen seine Ängstlichkeit. Wehrt Ihr Hund sich, nehmen Sie den Hunderucksack oder das Handtuch nach einem ruhigen und kurzen Moment wieder ab, ignorieren Ihren Hund und versuchen es später noch einmal. Sie müssen Ihrem Hund das Tragen der Packtaschen schmackhaft machen. Setzen Sie die Taschen vor der Fütterung auf, belohnen Sie das Tier mit einem Superleckerchen oder setzen Sie den Rucksack beim Spielen mit dem Lieblingsspielzeug auf.

Lassen Sie den Hund nie unbeaufsichtigt mit seinen Taschen! Es kann passieren, dass der Hund die Maße seiner Tasche noch nicht kennt und irgendwo hängen bleibt.

Wie und womit sollte beladen werden?

Sobald sich das Tier an die Taschen gewöhnt hat, können Sie mit dem Beladen beginnen. Achten Sie dabei darauf, dass der Rucksack auf beiden Seiten absolut gleich gepackt wird, also die Taschen im Gleichgewicht sind. Am besten wiegen Sie das aus, denn unser Gefühl ist zu ungenau und schon wenige Gramm Unterschied können die Taschen ins Rutschen bringen oder unangenehm zur Seite ziehen.

Beginnen Sie am besten mit Zeitungspapier auf jeder Seite. Das können Sie schön gleichmäßig in Form bringen und die Taschen ausstopfen. Auch kleine, vorerst leere, PET Flaschen eignen sich gut. Spitze und unhandliche Gegenstände verpacken Sie bitte so, dass keine Kanten oder Stöße beim Laufen zu spüren sind. Ein ausgewachsener, gesunder und gut trainierter Hund kann bis zu einem Drittel seines Körpergewichtes tragen. Hierbei ist auf die körperliche Verfassung und Gesundheit zu achten. Das Training muss langsam und mit ausreichenden Pausen und Erholungsphasen versehen werden. Schritt für Schritt können Sie das Gewicht steigern.

Was Sie Ihren Hund tragen lassen, hängt ganz von Ihren Bedürfnissen und Ihrer Fantasie ab. Ich lasse meinen kleinen Jack Russell Terrier gerne in seinen Packtaschen meine Butterbrote tragen. Das Volumen der »Minirucksäcke« umfasst schließlich nicht mehr als eine Packung

Taschentücher oder meine Brotzeit. Ein großer Hund kann natürlich sehr gut sein Futter und Wasser später tragen. Machen Sie sich immer bewusst, wenn Ihr Hund mit den Packtaschen frei läuft, dass er eventuell auch damit stiften gehen könnte. Packen Sie also keine Wertgegenstände wie Autoschlüssel, Handy oder Geldbörse in den Rucksack!

Wie finden Sie die passende Packtasche und wie sitzt ein Hunderucksack optimal?

Nehmen Sie Ihren Hund zur Anprobe mit. Wenn Sie per Internet bestellen, verlassen Sie sich nicht auf die Größen S, M, L oder XL. Diese Angaben fallen je nach Hersteller unterschiedlich aus.

Achten Sie auf eine hervorragende Passform, Komfort und optimale Lastenverteilung. Durch Kompressionsgurte im Tascheninneren wird die Last eng und hoch am Hundekörper platziert, um ein Hängenbleiben zu verhindern und gleichzeitig den Schwerpunkt und die Gesamtmobilität Ihres Hundes zu optimieren. Bei angelegten Taschen hat das Gewicht auf den Schultern des Hundes zu ruhen und nicht auf dem Rücken. Die Taschen sollten parallel am Hundekörper hängen und der Schwerpunkt sollte nah am Hundekörper liegen.

Die Packtasche sollte optimalerweise mit einem Tragegriff auf dem Rücken versehen sein. So können Sie Ihren Hund anheben und unterstützen, ohne dass er die Balance verliert, falls er bei einem schwierigen Hindernis Hilfe braucht. Idealerweise befindet sich auch ein Haken für die Leine an dem Tragegestell. Ein Führgeschirr kann Ihr Hund selbstverständlich nicht zusätzlich zu den Packtaschen tragen.

Die Packtaschen dürfen nicht nach vorne oder hinten verrutschen, wenn der Hund bergauf oder bergab geht und sie dürfen nicht zu tief hängen. Sonst stößt Ihr Hund mit den Hinterläufen ständig an die Taschen. Achten Sie auf qualitativ hochwertige Schnallen und Verschlüsse. Idealerweise ist alles perfekt abgepolstert und scheuert oder kratzt nicht. Die Satteltaschen sollten von der eigentlichen Tragevorrichtung abnehmbar sein. Das ist besonders praktisch bei Flussüberquerungen oder um Ihren Hund während einer Pause zu entlasten. Strategisch günstig angebrachte Taschen erlauben einen schnellen Zugriff auf Leckerlis, die Leine oder sonstige Dinge.

Die Tragetaschen sollten überwiegend aus unverwüstlichem Material gefertigt sein. Je mehr Last Ihr Hund tragen soll und je anspruchsvoller der Bedarf, desto wichtiger ist die Auswahl der richtigen Tasche. Nehmen Sie sich für den Kauf ausreichend Zeit und schauen Sie sich diverse Hunderucksäcke an.

Wichtig

Lassen Sie Ihren Hund keine Packtaschen bei heißem Wetter tragen. Die Gefahr der Überhitzung ist zu groß, auch wenn das Tragesystem noch so gut belüftet ist.

Hundeschwimmweste

Viele Hunde können schwimmen, dennoch können sie in gefährliche Situationen geraten und ertrinken. Schwimmwesten für Hunde sind meiner Meinung nach eine Notwendigkeit beim gemeinsamen Wasserwandern. Hundeschwimmwesten gibt es in vielen Tierfachgeschäften bereits in diversen Farben und Größen.

Ich habe nur gute Erfahrungen mit Hundeschwimmwesten gemacht und alle Tiere kommen gut mit solch einer Weste klar. Die Bewegungsfreiheit wird in keinster Weise eingeschränkt. Mein Jack Russell Terrier geht mit der Weste sogar am Strand buddeln und hat binnen kürzester Zeit riesige Stolperfallen ausgehoben.

Selbstverständlich gibt es auch ängstliche und zurückhaltende Hunde. Beherzigen Sie in diesem Fall die Tipps zu Eingewöhnung wie beim Training mit dem Hunderucksack. Fangen Sie langsam an. In der Ruhe liegt die Kraft!

Auf Tour

Orientierung in der Natur

Wenn Sie auf eine »Expedition« gehen möchten, dann müssen Sie sich gut orientieren können. Menschen haben schon früh Techniken und Methoden entwickelt, um sich in unbekanntem Gelände gut zurechtzufinden. Unsere Hunde finden im Zweifelsfall immer den Weg zurück … Sie haben zwei ausgezeichnete Orientierungsarten, die Nah- und die Fernorientierung. Immer wieder gibt es Berichte von Hunden, die über Hunderte von Kilometern den Weg zurück nach Hause fanden und sogar dann, wenn sie den Weg selbst gar nicht gegangen sind! Vermutlich orientieren die Hunde sich am Stand der Sonne oder nehmen das Erdmagnetfeld wahr. Beweise gibt es dafür keine, vermutlich nutzen die Tiere eine Art innere Geruchslandkarte, denn riechen können Hunde eine Million mal besser als Menschen und haben eine enormes Gedächtnis dafür.

Heutzutage gibt es für uns Menschen verschiedene Hilfsmittel, um sich in der Natur zu orientieren. Sie sollten die wichtigsten Hilfsmittel und Methoden kennen. Man unterscheidet zwischen natürlichen Orientierungshilfen (Sonne, Mond, Sterne) und künstlichen Orientierungshilfen (Karte, Kompass, GPS, Wegmarkierungen), mit denen ich beginnen möchte.

Wissen Sie, woher der Begriff »Orientierung« kommt? Aus dem Lateinischen, nämlich »Sol oriens«, was »aufgehende Sonne« heißt. Früher orientierte man sich nämlich, indem man Osten suchte, die Richtung der aufgehenden Sonne. Daher kommen auch die Bezeichnungen »Orient« und »Morgenland«.

Orientierung mit Hilfe künstlicher Orientierungshilfen

Karte richtig lesen

Eine Karte zeigt Ihnen die Landschaft von oben. Sie verrät Ihnen, wo und in welchem Terrain Sie unterwegs sind. Ohne eine offizielle Wanderkarte im Maßstab zwischen 1:25000 (1 cm = 250 m) und 1:50000 sollten Sie nicht losgehen. Je größer die Zahl nach dem Doppelpunkt, desto größer die Region, die auf der Karte abgebildet ist und desto weniger Details sind auf der Karte zu sehen. Eine gute Karte zeigt Ihnen nicht nur die wichtigsten Wanderrouten, sondern auch wenig begangene Wege und liefert alle Informationen zur Geländeoberfläche. Auf den Karten befindet sich der Norden immer oben. Die Geländeoberfläche wird anhand von Höhenlinien dargestellt, die Punkte gleicher Höhe miteinander verbinden. Je enger die Linien nebeneinander liegen, desto steiler ist das Gelände. Die gebräuchlichsten Wanderkarten sind topografische Karten, denn sie bilden eine Landschaft vollständig und geometrisch korrekt ab.

Bei topografischen Karten haben die Farben folgende Bedeutung:

Schwarz:	Bauwerke, Wege und Bahnlinien
Grün:	Bodenwuchs
Rot:	Straßen und Wege
Braun:	Bodenformen
Blau:	Gewässer

Karte und Kompass

Ein Kompass besteht aus einem mit Flüssigkeit gefüllten Gehäuse und einer beweglichen Nadel. Das Ende der Nadel ist magnetisiert und zeigt zum magnetischen Nordpol, an dem die magnetischen Feldlinien der Erde zusammenlaufen. Meist gehören auch eine 360-Grad-Skala oder eine Kompassrose (Windrose) dazu. Kompasse gibt es in verschiedenen Ausführungen – von einfach bis aufwendig: Marschkompass, Linealkompass oder Peilkompass. Zusammen mit einer topografischen Karte hilft er Ihnen, sich zu orientieren. Der sichere Umgang mit Karte und Kompass erfordert etwas Übung, ist aber unerlässlich, wenn Sie in unwegsamem Gelände mit Ihrem Vierbeiner unterwegs sind oder markierte Wege verlassen.

Stellen Sie sich vor, Sie sind mit Ihrem Hund unterwegs und plötzlich kommt Nebel auf. Anfangs ist der Wege noch erkennbar, später nicht mehr. Was tun? Legen Sie den Kompass auf den Boden und warten Sie, bis die Nadel still steht. Wenn sie sich nicht mehr bewegt, zeigt sie nach Norden. Legen Sie nun Ihre Wanderkarte so auf den Boden, dass auch hier Norden in dieselbe Richtung zeigt wie die rote Magnetnadel. Wenn Sie jetzt Ihren Standort auf der Karte einzeichnen, wissen Sie, in welche Richtung Sie gehen müssen!

GPS-Empfänger

Das GPS-Gerät stellt eine Weiterentwicklung der klassischen Navigation mit Kompass und Karte dar. Ein GPS (Global Positioning System) errechnet mit Hilfe von Signalen mehrerer Satelliten mit einer Genauigkeit von einigen Metern seine momentane Position. Der Funktionsumfang der im Handel erhältlichen Geräte richtet sich nach Anwendungsbereich und Preis. Schon einfache Geräte können heute nicht bloß die Längen- und Breitengrade anzeigen, sondern auch Richtungsangaben machen, Entfernungen berechnen und die aktuelle Geschwindigkeit angeben. Oder je nach eingespeichertem Kartenmaterial sogar angeben, wo z.B. das nächste Krankenhaus ist und auf kürzestem Weg dorthin führen. Die Anzeige kann so eingestellt werden, dass ein Kompasssymbol ausgegeben wird, das nicht nach Norden, sondern in die Richtung zeigt, die vom Benutzer durch die Eingabe der Zielkoordinaten (Wegpunkt) angegeben worden ist. Falls Sie sich ein GPS-Gerät anschaffen möchten, lassen Sie sich von einem Fachhändler beraten.

Die Firma »Garmin« hat ein GPS-System speziell für Hundebesitzer hergestellt. Ein passender GPS-Empfänger wird dazu am Hund befestigt, um diesen dann mit einem passenden Gerät zu lokalisieren. Damit können Hunde von ihrem Herrchen oder Frauchen jederzeit ohne Aufwand geortet werden. Preiswert ist dieser »Spaß« jedoch nicht.

Wegzeichen

Karte, Kompass und GPS-Empfänger sind Hilfsmittel zur Positionsbestimmung und Orientierung. Wenn Sie auf markierten Wanderwegen unterwegs sind, können Sie die zur Orientierung nötigen Informationen, zum Beispiel zu Routenführung oder Entfernungen, farbigen Wegzeichen oder Wegweisern entnehmen. Wanderwege können unterschiedlich markiert sein und die Wegzeichen finden Sie in unterschiedlichen Formen und Farbmarkierungen vor.

Meist sind die Farbmarkierungen an Bäumen, Pfosten, Mauern oder Felsen angebracht. In den alpinen Regionen begegnen Sie eventuell auch kugelartig aufgeschichteten Steinen, sogenannte »Steinmannl« oder Steinpyramiden. Diese Steinhaufen wurden oft neben dem Weg errichtet. Sie zeigen an, dass Sie noch auf dem richtigen Pfad wandern und sind auch selbst bei dichtem Nebel ersichtlich.

Verschiedene Wegzeichen

Orientierung mit Hilfe der Natur

Manchmal kommt es vor, dass man ohne Karte und Kompass unterwegs ist. Damit Sie mit Ihrem Hund nicht verloren gehen, hier ein paar Tipps. Allerdings sind diese Hilfsmittel nicht so sicher und eindeutig wie Karte und Kompass!

Wussten Sie, dass sogar Ameisen Himmelsrichtungen kennen? Ameisenhaufen befinden sich stets an der Südseite von Bäumen, Sträuchern und Büschen.

Die Natur bietet viele Orientierungshilfen. So können Ihnen zum Beispiel Bäume bei der Orientierung behilflich sein. Meist ist die Rinde auf der Nordwestseite mit Moos bewachsen. Im Nordwesten sind die Äste oft kürzer und mehr vom Wind zerzaust. Nadelbäume sind häufig an der Südseite stärker mit Harz überzogen. Auch Sonnenblumen geben Tipps, denn sie drehen ihre Blüten nach dem Stand der Sonne.

Wussten Sie schon, dass die Türme alter Kirchen meist auf der Westseite stehen und die Altäre nach Osten ausgerichtet sind?

Auch die Sonne, der Mond und die Sterne können Ihnen eine Orientierungshilfe sein. Tagsüber zeigt Ihnen die Sonne, wo es langgeht: Am Morgen geht sie im Osten auf, mittags steht sie im Süden und abends wandert sie nach Westen. Merken Sie sich folgende Zeiten – denken Sie an die Umstellung auf Sommerzeit – und Sie haben eine Hilfe.

In unseren Breiten steht die Sonne nach mitteleuropäischer Zeit (keine Sommerzeit) etwa um
06:30 Uhr im Osten
09:30 Uhr im Südosten
12:30 Uhr im Süden
15:30 Uhr im Südwesten
18:30 Uhr im Westen

Je nach Jahreszeit schwanken diese Werte etwas, daher ist die Richtungsangabe nicht wirklich genau!

Auch der Mond kann Ihnen die Himmelsrichtungen anzeigen. Bezugspunkte dafür sind der Vollmond und der Neumond. Bei sternenklarem Himmel können Sie sich auch am Polarstern orientieren. Er zeigt in unseren Breitengraden immer die Nordrichtung an. Sie finden den Polarstern ganz leicht mit Hilfe des Sternbildes »Großer Bär« oder »Großer Wagen«. Schauen Sie sich den Abstand zwischen den beiden hinteren Sternen an. Verlängern Sie den Abstand, die sogenannte »Wagenachse« gedanklich fünfmal. So finden Sie den Polarstern, der gleichzeitig der vorderste Deichselstern des Sternbildes »Kleiner Bär« und »Kleiner Wagen« ist und immer genau im Norden steht.

Unterwegs Essen und Trinken

Sie sollten auf einer Wanderung regelmäßig essen und trinken und eine Auswahl kleiner Snacks im Gepäck haben. Zuckerhaltige Riegel sorgen für einen schnellen Energieschub, Trockenfrüchte und Nüsse setzen langsamer, aber anhaltender Energie frei. Bananen sich ebenso gute Energiegeber. Auf eine ausreichende Flüssigkeitszufuhr ist nicht zu verzichten und lebenswichtig. Gewöhnen Sie sich an, bei jeder Rast zu trinken, auch, wenn Sie nicht durstig sind.

Wie schon erwähnt, dient zum Beispiel getrockneter Fisch als guter und schneller Energiegeber für den Hund.

In Fachgeschäften gibt es auch Schlauch-Trink-Systeme. Diese bestehen aus einem leichten, in den Rucksack integrierten Plastikbeutel mit einem Trinkschlauch. So können Sie bequem und kontinuierlich unterwegs trinken, ohne den Rucksack abnehmen zu müssen.

Denken Sie auch daran, dass Ihr Hund genügend Flüssigkeit bekommt und kleine Mengen Futter oder Leckerchen, zum Beispiel Trockenfisch, als Energieschub.

Einige Tiere neigen dazu, auf den Wanderungen das Wasser zu verweigern. Selbstverständlich trinken die Hunde gerne aus dreckigen Pfützen, nur nicht das frische Trinkwasser vom Herrchen oder Frauchen.

Achten Sie darauf, dass Ihr Hund nicht aus Pfützen trinkt, besonders nicht bei warmem Wetter und aus schon länger stehenden Pfützen. Es besteht die Gefahr, dass Ihr Haustier sind mit der Infektionskrankheit Leptospirose ansteckt.

Wenn Ihr Tier von Ihnen kein Wasser annimmt, dann empfehle ich Ihnen kleine Döschen Kondensmilch mitzunehmen und zwei bis drei Spritzer ins Frischwasser zu mischen. Ihr Tier wird gerne das Wasser von Ihnen trinken. Somit ist die Pfütze nicht mehr interessant und der Wasserhaushalt des Tieres aufgefrischt.

Vor einigen Jahren hatten wir einen extrem warmen Sommer. Selbstverständlich finden unsere Wandertouren bei jedem Wetter statt. Wir stellten eine erlebnisreiche Waldwanderung zusammen, damit es allen nicht zu heiß wurde. Einer der Teilnehmer hatte für sich und seinen Hund zu wenig Wasser mit. Alle Gruppenteilnehmer schmissen ihre Vorräte zusammen, doch nach einigen Stunden war der komplette Wasserhaushalt verbraucht. Was tun? Während wir noch alle überlegten und auf der Karte nach möglichen Einkehrmöglichkeiten schauten, badeten unsere Liebsten in einer Kuhtränke. Gott sei Dank war neben der Tränke ein kleiner Brunnen und wir konnten uns alle erfrischen und Trinkwasser für Zwei- und Vierbeiner auffüllen. Gut, dass Hunde so schlau sind.

Müllentsorgung

Eine Mülleimertüte gehört in jedes Wandergepäck. Sie wiegt maximal fünf Gramm und nimmt so gut wie keinen Platz weg. In ihr lassen sich zudem Gegenstände wasserdicht verpacken. Bitte sorgen Sie auf jeder Wandertour dafür, dass Sie Ihren Abfall nicht am Rastplatz zurücklassen und nehmen Sie ihn mit – der Umwelt zuliebe.

Gefahren und Hilfe

Wandern ist nicht ganz ungefährlich. Daher sollten Sie einige Vorsichtsmaßnahmen ergreifen, bevor Sie losmarschieren.

Gefahren, die vom Wetter ausgehen

Sonne

Sonnenstich und Hitzschlag sind Folgen einer zu großen Anstrengung bei hohen Temperaturen und ohne ausreichend Flüssigkeitsaufnahme. Um dieses zu vermeiden, sollten Sie einen Hut oder eine Mütze tragen, häufig kleine Schlucke Wasser trinken, sich möglichst im Schatten halten und mit Ihren Kräften haushalten. Um unterwegs viele kleine Schlucke Wasser trinken zu können, ohne permanent eine Pause einlegen zu müssen, empfehle ich Ihnen das auf Seite 65 erwähnte Trinksystem. Das Wasser bleibt im Rucksack relativ kühl. Tragen Sie bei einem Sonnenbrand eine kühlende Salbe auf. Bei schweren Verbrennungen konsultieren Sie einen Arzt.

Die Sonnenbrandgefahr spielt bei Hunden keine so große Rolle. Nur hellpigmentierte, dünnbehaarte Hunde brauchen an Stellen wie dem Nasenrücken, den Ohrspitzen oder dem Bauch einen speziellen Sonnenschutz. Hierzu eignen sich zum Beispiel unparfümierte Babysonnencremes. Sie müssen aber ein wenig aufpassen, dass die Creme vor dem Gang in die Sonne lange genug einwirken kann und nicht sofort wieder abgeleckt wird.

Die Kreislaufbelastung und ein Hitzschlag durch hohe Temperaturen sind für Hunde weitaus gefährlicher als die Sonnenbrandgefahr. Was für uns Menschen noch angenehm warm ist, kann einen Hund ganz schön ins »Schwitzen« bringen.

Wir Menschen können durch unsere gesamte Hautoberfläche schwitzen. Hunde hingegen besitzen nur wenige Schweißdrüsen und nutzen deshalb das Hecheln. Hierbei geht dem Hund viel Flüssigkeit verloren, und ohne ausreichend Flüssigkeitszufuhr ist die Kreislauffunktion Ihres Tieres gefährdet. Von einem Hitzschlag spricht man bei einer Überhitzung des Organismus. Beim Hund geht man davon aus, dass die kritische Grenze bei 40 bis 41 Grad Celsius Körpertemperatur liegt. Wird diese Grenze überschritten, reagiert der Körper mit heftigen Entzündungsreaktionen, die alle Organe, das Blut und das zentrale Nervensystem schädigen.

Symptome einer Überhitzung:

- Starkes Hecheln
- Speicheln
- Schnelle Atmung
- Hund sucht Kühle

Kritische Symptome – sofort zum Tierarzt:

- Rote, vergrößerte Zunge
- Zäher, klebriger Speichel
- Deutliche Atemgeräusche
- Erbrechen
- Zusammenbruch
- Krämpfe
- Teilnahmslosigkeit
- Gestörtes Bewusstsein

Wenn Sie die kritischen Symptome diagnostizieren, zählt jede Minute. Wissenschaftliche Untersuchungen haben gezeigt, dass entscheidend für das Überleben des Hundes das rechtzeitige Vorstellen beim Tierarzt ist.

Als Erste-Hilfe-Maßnahme bei Überhitzung bringen Sie den Hund in den Schatten und kühlen ihn ab, indem Sie ihm nasse Handtücher oder Decken auflegen und ihm in kleinen Mengen Trinkwasser anbieten. Zu große Wassermengen auf einmal führen in dieser Situation leicht zum Erbrechen und damit zu noch größerem Flüssigkeitsverlust. Auch das Übergießen mit Wasser aus der Wasserflasche ist in Ordnung, nur ins eiskalte Wasser sollten Sie den Hund nicht gerade werfen: Das kann zu einem Kreislaufschock führen.

Grelles Sonnenlicht ist für Hundeaugen weder angenehm noch zuträglich. Ersparen Sie deshalb Ihrem Hund das Blinzeln in der prallen Sonne. Es werden in Fachmärkten bereits Hundesonnenbrillen in verschiedenen Größen angeboten. Ideal sind solche Brillen für das Cabriofahren oder auf Schneeschuhwanderungen.

Coole Tipps:
Sie als cleverer Hundehalter nehmen am besten eine Thermoskanne mit und füllen diese mit Eiswasser. So haben Sie immer kühlen Trink-Nachschub für Ihren Vierbeiner.

Tipp: Der Erfolg einer Wanderung hängt stark vom Wetter ab. Sie kann schnell zu einem Alptraum werden, wenn ein Gewitter oder starker Regen aufzieht. Am Vorabend sollten Sie daher eine genaue Wettervorhersage einholen. Bei den Wetterdiensten (Telefonansage, Internet) erhält man eine spezielle Vorhersage für einzelne Regionen, die Küste oder das Gebirge. Die Homepage www.dwd.de ist die offizielle Seite des deutschen Wetterdienstes mit Infos zu Niederschlägen, Wetterentwicklung, Unwetterwarnungen und klimatischen Verhältnissen einzelner Regionen. www.meteoworld.de gibt auch langfristige Wetterprognosen ab.

Kleine Wetterkunde

Schönwetterboten: Wenn Sie diese Zeichen am Himmel sehen, dann wird das Wetter schön: hoch stehende Haufenwolken, ab Mittag kleine Haufenwolken, verschwinden gegen Abend, kleine Haufenwolken nach Regen, Nebel am Abend, Abendrot, Regenbogen am Abend.

Schlechtwetterboten: Bei diesen Zeichen am Himmel haben Sie mit schlechtem Wetter zu rechnen: hellblauer Himmel am Morgen, viele Schichtwolken, tief hängende Haufenwolken, tief hängende Schleierwolken, hängende schwarze Wolken, Morgenrot, steigender Morgennebel.

Tiere können auch Wetterpropheten sein. Sie sollten nur wissen, worauf Sie achten müssen. Allerdings sind nicht alle dieser Wettervorhersagen wissenschaftlich abgesichert ...

Schön wird das Wetter, wenn ...

Schwalben hoch fliegen, Bergdohlen um den Gipfel kreisen, Spinnen ihre Netze spannen, Bienen früh ausschwärmen, Frösche am Abend quaken, Grillen am Abend zirpen.

Schlecht wird das Wetter, wenn ...

Schwalben tief fliegen, Fische viel springen, Mücken besonders lästig sind, Frösche morgens und tagsüber quaken, es viele Schnecken und Regenwürmer gibt, Maulwürfe Hügel auswerfen.

Gewitter

Jeden Tag toben pro Stunde weltweit etwa zweitausend Gewitter und insgesamt gibt es auf der ganzen Welt sechzehn Millionen Gewitter pro Jahr. Mit einem Gewitter im Wald oder in den Bergen ist nicht zu spaßen. Sie sollten deshalb früh erkennen, wann ein Gewitter aufzieht. Zeichen für Gewitter sind: Regenbogen am Morgen, Morgennebel bei hoher Temperatur, stechende Sonne bei düsterem Wetter, Haufenwolken, die sich nach oben vergrößern, Schichtwolken, die Zacken bilden, kalte Windstöße. Werden Sie von einem Wetterumschwung auf einer Bergtour überrascht, steigen Sie so schnell wie möglich ins Tal ab. Suchen Sie nie Schutz an einschlagsgefährdeten Stellen wie unter Felsen, an Bäumen oder anderen hervorstehenden Geländepunkten. Halten Sie sich von Masten, metallischen Gegenständen, Wasserläufen und freien Flächen fern. Werden Sie im Freien vom Gewitter überrascht, kauern Sie sich am besten auf Ihrem Rucksack zusammen; er isoliert Sie zur Erde hin.

Nebel

Marschieren in dichtem Nebel ist gefährlich, denn Entfernungen sind schwer abzuschätzen und Orientierungspunkte verschwinden. Verirrungsgefahr! Deshalb ist es oft besser, anzuhalten und zu warten, bis sich der Nebel lichtet.

Kälte

Sie müssen sich gegen Kälte mit Mütze, Handschuhen, Schal und warmer Kleidung schützen, um zu vermeiden, dass Ihr Körper auskühlt und kalte Luft an die Haut gelangt. Am stärksten gefährdet sind die Gliedmaßen.

Auch wenn es weh tut, bewegen Sie die Finger, um die Blutzirkulation anzuregen. Trinken Sie viele heiße und süße Getränke und nehmen Sie sehr kalorienhaltige Nahrung zu sich. Die Kälte wird Ihrem Hund weit weniger ausmachen als Sie vielleicht denken. Nordische Hunde mit ihrem dichten Fell lieben die Kälte. Aber auch dünnbehaarte Rassen müssen sich nicht direkt eine Erkältung einfangen.

Schnee

Die größte Gefahr, die vom Schnee ausgeht, sind Lawinen. Achten Sie auf Lawinenwarnungen. Wenn Sie müde sind, setzen Sie sich nicht in den Schnee, Sie könnten einschlafen und sich in Lebensgefahr bringen. Sie müssen als Hundehalter einige Verhaltensregeln mit dem Hund im Schnee beachten: Ein wenig Zeit zur Akklimatisierung ist ein guter Anfang. Planen Sie Ihre Wanderungen so, dass Ihr Hund bei der Rast nicht zu lange im Schnee liegt. Ihr Tier kann feucht und klamm werden. Rubbeln Sie Ihren Hund dann gut ab. Achten Sie darauf, dass Ihr Hund nicht zu viel Schnee frisst. Selbst wenn der Schnee nicht verschmutzt ist, so führt er ab einer gewissen Menge zu Magen-Darm-Störungen mit Erbrechen. Behalten Sie die Pfoten Ihres Hundes im Auge. Es kann relativ schnell zu Wunden kommen. Beugen Sie deshalb schon vor einer Schneeschuhtour mit einer Zinksalbe oder Hundeboots vor.

Natürliche Gefahren

Die Natur ist nicht immer nur idyllisch. Sie birgt für Mensch und Hund manchmal auch einige Gefahren.

Insektenstiche

In der Regel verursachen diese Stiche keine größeren Beschwerden. Allergiker sollten allerdings ein Notfallmedikament zur Vorbeugung mit in der Notfallapotheke haben und Mitwanderer darüber informieren. Wenn Sie von einer Wespe oder Biene gestochen worden sind, kratzen Sie den Stachel vorsichtig heraus und führen Sie eine brennende Zigarette oder eine Flamme nah an die Einstichstelle heran, damit die Hitze das Gift an der Ausbreitung hindert. Danach kühlen Sie die Stelle. Bei schweren allergischen Reaktionen und Stiche in den Mund oder Rachen müssen Sie sofort einen Arzt aufsuchen.

Die Schwellungen können die Atemwege blockieren. Wird Ihr Hund von einer Biene oder Wespe gestochen, so sollten Sie den Stachel vorsichtig mit einer Pinzette entfernen. Eine Kühlkompresse hilft, Schwellungen und Schmerz zu lindern. Da man solch eine Kompresse auf der Wanderschaft nicht dabei hat, empfiehlt es sich, die Wunde mit Wasser zu kühlen oder ein kühles Taschentuch aufzulegen. Gegebenenfalls müssen Sie den Stich auch noch mit einem Verband abdecken, damit Ihr Hund nicht ununterbrochen daran leckt (Infektionsgefahr). Wird das Tier im Maul- und Rachenraum gestochen, kann es zu bedrohlichen Anschwellungen und Atemnot kommen. Meistens geschieht das, wenn der Hund und das Insekt es auf das gleiche Leckerchen abgesehen haben. Nach einem solchen Stich müssen Sie sicherheitshalber einen Arzt aufsuchen, auch wenn sich noch keine Atemnot eingestellt hat.

Zecken

Für Hundebesitzer sind Zecken nicht unbekannt. Zecken sind keine Insekten, sondern es sind winzige, Blut saugende Spinnentiere und sie halten sich in Gräsern und in Büschen bis auf einer Höhe von etwa 1,50 Metern auf. Ihren Bissen gebührt, besonders in Süddeutschland und dort vor allem in Ostbayern, große Aufmerksamkeit, denn sie sind Überträger gefährlicher Krankheiten. Zecken sollten so schnell wie möglich mit einer Pinzette entfernt werden. Zecken fallen Menschen und Hunde gleichermaßen an. Kontrollieren Sie Ihr Tier und sich selbst regelmäßig auf Zeckenbefall. Die Parasiten bevorzugen als Bissstelle den Kopf-, Hals- und Nackenbereich sowie die Pfoten des Tieres. Beim Menschen sind es Hals, Nackenbereich und Kniekehlen. In den gefährdeten Regionen sollten Sie deshalb immer feste Stiefel, über die Hosenbeine gezogene Socken und langärmelige Hemden tragen. Zum Schutz können Sie abschreckende Mittel benutzen, die entweder auf die Kleidung oder direkt auf die Haut aufgetragen werden. Ihrem Hund können Sie vorab ein Zeckenmittel verabreichen, welches die Tiere abschreckt und tötet. Es gibt Mittel auf natürlicher und synthetischer Basis. Die Wirkung ist unterschiedlich und alle vorbeugenden Maßnahmen versprechen keinen 100%igen Schutz.

Zeckenprophylaxe:
Meiden Sie Risikogebiete zur Zeckensaison im Frühjahr und Herbst, Einsatz von zeckenabschreckenden bzw. -tötenden Mitteln, regelmäßige Kontrolle auf Zecken nach einer Wanderung, sofortige Entfernung von entdeckten Zecken.

Schnitt- und Schürfwunden

Zu diesen Wunden kommt es, wenn man stürzt, sich einen Weg durch Gestrüpp bahnt oder an Felsen vorbeischrammt. Hautverletzungen müssen grundsätzlich gesäubert und abgedeckt werden, damit keine Keime in die Wunde eindringen und sie infizieren können. Alle notwendigen Utensilien haben Sie in Ihrer Reiseapotheke. Wenn Ihr Hund eine Verletzung der Haut hat, die verschmutzt ist, lassen Sie die Wunde gut ausbluten und, wenn nötig, spülen Sie die Wunde mit klarem Wasser. Tragen Sie danach eine Wundsalbe oder ein Wundpuder auf. Die Wunde kann offen an der Luft heilen. Sollte der Hund das Lecken anfangen, müssen Sie einen Verband anlegen, sonst wird die Wundheilung behindert. Das Gleiche gilt für kleinere Schürfverletzungen. Falls größere Stellen betroffen sind, müssen Sie einen Tierarzt aufsuchen. Ist der Weg dahin noch weit, ist es erforderlich, die Kompresse mit der Desinfektionslösung anzufeuchten, damit sie nicht an der Wundfläche klebt.

Wer auf eine längere Tour geht, sollte sich mit einem guten Buch oder Kurs ums Thema »Erste Hilfe beim Hund« etwas vertrauter machen.

Vergiftungen durch Waldfrüchte

Es kommt vor, dass mit einer Parasitenerkrankung infizierte Füchse Wildfrüchte verschmutzt haben. Diese Parasiten greifen die Leber an. Sie können nur durch hohe Temperaturen abgetötet werden. Vermeiden Sie deshalb, Waldfrüchte zu pflücken und waschen Sie sich jedes Mal gut die Hände wenn Sie Pflanzen oder Pilze berührt haben.

Gefahren im Gelände

Auch wenn die Landschaft noch so wundervoll ist, achten Sie auf den Weg! So vermeiden Sie unnötige Unfälle. Achten Sie auf Löcher, Erdspalten und herabhängende Äste. Treten Sie nicht auf nasses Holz oder nasse, laubbedeckte Felsen. Passen Sie also auf, wo Sie hintreten und seien Sie besonders vorsichtig bei Wegen im Steilgelände. Erfahrungsgemäß passieren die meisten Unfälle auf den letzten 10 % der Wandertour, denn die Konzentration lässt nach. Vermeiden Sie rutschgefährdete Hänge. Am Fuß von Steilwänden oder in Felsrinnen ist die Gefahr groß und kaum vorherzusehen, da ist doppelte Vorsicht geboten.

Hunde lieben das Spielen mit Stöckchen. Wenn Sie in einer Gruppe unterwegs sind, sind solche Spiele für Hunde tabu. Sind Sie aber alleine im Gelände unterwegs, bleibt das Stöckchenspiel nicht aus. Doch es kommt immer wieder zu Stöckchenunfällen. Es können sich lose sitzende Holzsplitter in den Gaumen des Hundes bohren. Auf gar keinen Fall dürfen Sie beim Entfernen der Splitter Gewalt anwenden, denn dadurch könnten Sie Blutgefäße oder Nerven verletzen. In jedem Fall, auch wenn

Sie glauben, dass Sie alle Fremdkörper aus dem Maul entfernt haben, sollten Sie sofort einen Tierarzt aufsuchen.

Häufige Beschwerden auf der Wanderschaft

Viel wahrscheinlicher als ein Unfall oder ein dramatisches Gewitter sind beim Wandern kleinere Beschwerden. Wenn diese nicht richtig behandelt werden, können auf der Wanderschaft daraus allerdings größere Probleme wachsen.

Blasen

Blasen können die Freude am Wandern ernstlich trüben. Gerade wenn Sie das Wandern nicht gewohnt sind und vor allem neues Schuhwerk oder Socken tragen, sind Blasen fast unvermeidlich. Blasen entstehen durch die Reibung zwischen Schuh und Haut. Tragen Sie am besten dünne Baumwollsocken und darüber dickere Wollsocken. Bewährt hat sich auch das vorherige »Abkleben« der gefährdeten Fußstellen mit einfachem Leukoplast.

Sollte trotzdem eine Blase entstehen, empfehle ich Ihnen die Blasenpflaster »Compeed«. Sie sind in jeder Apotheke erhältlich.

Blutergüsse

Zu einem Bluterguss kommt es, wenn die Blutgefäße unter der Haut verletzt werden, zum Beispiel wenn man sich an einem Stein oder einem Hindernis stößt. Kalte Kompressen lindern Schwellung und Schmerzen.

> **Tipp:** Schneiden Sie Ihre Fußnägel vor einer Wanderung kurz. Das hört sich vielleicht seltsam an, hat aber den einfachen Hintergrund, dass die Nägel beim bergab laufen an den Schuh drücken und es zu Blutergüssen an den Zehen kommen kann, welche sehr schmerzhaft sein können.

Durchfall / Erbrechen

Hunde leiden auf Wanderungen häufig in den ersten Tagen unter Durchfall oder Erbrechen. Das kann viele Ursachen haben. Stress, ungewohntes Futter oder Überanstrengung. Ihr Tierarzt wird sicherlich ein gutes Medikament empfehlen können, welches Sie mit in die Notfallapotheke packen und gegebenenfalls verabreichen können. Ich für meinen Teil habe aber die Erfahrung gemacht, dass Futterentzug und ein Tag Ruhe das beste Mittel gegen Durchfall ist. Nach dem Abklingen füttern Sie langsam zum Beispiel 2/3 Reis oder 1/3 Hüttenkäse-Magerquark-Mischung.

Sie können schon vor der Reise mit homöopathischen Mittel vorbeugen: Petroleum D30 zwei bis drei Tage vorher verabreichen. Dosierung pro Tag: Kleine Hunderasse erhalten ein bis zwei Globuli oder Tropfen, mittlere Hunde bekommen zwei bis drei Globuli oder Tropfen und großen Hunden geben Sie bitte vier bis fünf Globuli oder Tropfen.

Wunde Pfotenballen

Wie schon mehrfach erwähnt, kann es bei Ihrem Hund dazu kommen, dass auf langen Etappen in Geröll oder Fels die Ballen wundgelaufen sind. Reinigen Sie die Pfote mit kaltem Wasser und kühlen Sie diese. Versorgen Sie die Ballen mit Wundspray oder Wundpulver und ziehen Sie Booties über die betroffene Pfote. Gönnen Sie dem Tier einen Tag Ruhe und versuchen Sie so wenig wie möglich an diesem Tag mit dem Hund zu laufen. Bei stärker in Mitleidenschaft gezogenen Ballen braucht der Hund natürlich eine längere Auszeit. Schonen Sie Ihr Tier.

Um wunde Ballen im Vorfeld zu vermeiden, empfehle ich Ihnen, mit Ihrem Hund schon einige Monate vor einer Wanderung eine Zink-Kur zu machen. Verabreichen Sie Ihrer Fellnase einmal am Tag mit dem Futter eine Zinktablette. Die Pfotenballen werden durch das Zink gestärkt und sind so widerstandsfähiger. Fangen Sie mit der Kur ruhig schon ein bis zwei Monate vorher an.

Zinktabletten können Sie in jeder Apotheke kaufen. Bitte achten Sie aber darauf, dass Sie keine Zinkbrausetabletten erhalten, die verträgt Ihr Tier natürlich nicht.

Erste Hilfe

Ich möchte Ihnen in diesem Kapitel kurz einiges aufführen, was Sie im Notfall tun können. Es kann nicht die Routine ersetzen, die Sie nur bekommen, wenn Sie die empfohlenen Maßnahmen ohne Ernstfall trainieren. Und es kann Ihnen keinesfalls die fachgerechte Untersuchung und Behandlung durch den Tierarzt ersetzen.

Unfälle vermeiden

Die Grundkommandos wie Leinenführigkeit, Sitz, Platz und Fuß sind selbstverständlich und Voraussetzung, um mit dem eigenen Tier auf Wanderschaft zu gehen. Folgende Kommandos sollten auch sitzen, denn sie können im Notfall, gerade in den Bergen, Leben retten.

Bleib!

Damit können Sie Ihren Hund aus der Entfernung an einem Ort fixieren, zum Beispiel wenn er in den Bergen auf Sie warten soll, dass Sie ihn abholen.

Stopp! oder Steh!

Bei diesem Kommando sollte der Hund in der Bewegung »einfrieren«. Ideal bei schwierigen Passagen.

Rückruf

Das wichtigste Kommando überhaupt. Ihr Hund tobt, spielt und rennt während der Wanderung. Gerade, wenn Sie in einer Gruppe unterwegs sind. Gewöhnen Sie sich an, Ihren Hund immer überschwänglich zu loben, wenn er zu Ihnen kommt. Sie müssen das Tier problemlos zurückrufen können.

Notfallapotheke – gut gerüstet für den Krankheitsfall

Mit einem Erste-Hilfe-Set verhält es sich wie mit einem Ersatzreifen fürs Auto: Man hofft, dass es niemals zum Einsatz kommt, sollte es aber regelmäßig überprüfen. Ich möchte Ihnen die Mindestausstattung einer Reiseapotheke auflisten. Wenn Sie spezielle Medikamente benötigen, müssen Sie diese natürlich noch dazu packen. Auf jeden Fall sollte ein Erste-Hilfe-Set diese Bestandteile enthalten: Heftpflaster, Hansa- und Leukoplast, Mullbinden, Wundauflagen, Verbandmaterial (Gaze), Wunddesinfektionsmittel, Dreieckstuch, Rettungsdecke, elastische Binde, Pinzette und Einmalspritze, kleine Schere, Lippenbalsam, Schmerzmittel, Sonnen- und Insektenschutz, Fieberthermometer.

Speziell auf Wanderer zugeschnittene Erste-Hilfe-Sets sind in Outdoorläden erhältlich.

Auch für Ihr Tier sollten Sie ein Erste-Hilfe-Set mit dabei haben. Es muss Folgendes enthalten: Wundkompresse, Verbandspäckchen, Fixierbinde, Heftplasterspule, Alkoholtupfer, Einwegspritze, Pinzette, Latexhandschuhe, Zeckenzange, Maulschlaufe, Zinksalbe für die Pfoten, Krallenschere, Wunddesinfektionsmittel, Wundsalbe, Wundpuder, Augen- und Ohrentropfen.

Komplette Erste-Hilfe-Sets für Ihren Hund bekommen Sie beim Tierarzt, im Fachhandel oder in der Apotheke.

Tipps:
Packen Sie eine kleine Taschenlampe in Ihr Erste-Hilfe-Set, falls Sie im Dunkeln Verbandsmaterial suchen müssen.
Achten Sie auf das Verfallsdatum der Medikamente in Ihrer bereits bestehenden Reiseapotheke!

Utensilien für einen Notverband unterwegs

Nehmen Sie auf jeder Wandertour ein, besser zwei saubere Baumwolltücher, Papiertaschentücher und ein paar Heftpflaster mit. Mit diesen Utensilien, die in jede Hosentasche passen, können Sie im Notfall rasch einen Notverband basteln.

Programmieren Sie die Telefonnummer des nächsten Tierarztes in Ihr Handy, so müssen Sie im Notfall unterwegs nicht erst nach Hause fahren oder lange nach der Telefonnummer suchen.

Zu den lebensrettenden Sofortmaßnahmen gehört auch das Stoppen starker Blutungen mit einem Druckverband. Ich kann aus eigener Erfahrung sprechen: Je mehr Blut fließt, desto schneller gilt es zu handeln, notfalls ohne Rücksicht auf die Hygiene. Ein kleiner Pinscher wurde während eines privaten Spaziergangs einmal durch zwei größere Hunde erheblich nahe der Halsschlagader verletzt. Der Hund befand sich in einem absoluten Schockzustand und das Blut floss. Wir legten vor Ort einen Notdruckverband an und konnten so sein Leben retten.

Legen Sie mehrere Papiertaschentücher auf die Wunde. Fixieren Sie die Wundauflage, indem Sie die Mitte des Tuchs oder zum Beispiel auch ein T-Shirt, Halstuch etc. darüber legen, die Tuchenden um das Bein herumführen und auf der Gegenseite kreuzen. Legen Sie dann als Druckpolster eine ganze Packung Papiertaschentücher oder ein Stück Holz auf die mit dem Tuch bedeckte Wunde. Verknoten Sie darüber fest die Tuchenden. Der Verband muss ganz stramm sitzen. Blutet das Tier den Verband durch, lösen Sie ihn nicht, sondern legen Sie einen zweiten Druckverband darüber.

Outdoorküche

Leckere Rezepte für das Lagerfeuer

Was kann schöner sein, als dem Sonnenuntergang mit dem eigenen Vierbeiner im Arm entgegenzusehen?

In der freien Natur zu übernachten ist ein ganz besonderes Erlebnis für Sie und Ihren Hund. Wenn Sie dann auch noch am frühen Abend ein gemütliches Lagerfeuer machen und leckere Gerichte für sich »zaubern«, dann erleben Sie das Outdoorfeeling pur.

Ich möchte Ihnen ein paar Rezepttipps mit auf den Weg geben, die sich ums Outdoorcooking drehen, damit Sie schon vor einer Wanderung die benötigten Lebensmittel einplanen können oder in einem Supermarkt auf dem Campingplatz erwerben können. Doch bevor es soweit ist, muss ich auf das Thema »Feuer machen« eingehen, denn das Feuer ist nun einmal die Grundlage, sonst gibt es nichts Warmes zu essen.

Also erst einmal sollten Sie sich einen geeigneten Feuerplatz suchen. Um das Feuer in Gang zu bringen, braucht man Anzünder, Zunder, also

Material, das sich direkt mit dem Feuerzeug anzünden lässt. Kleine Zweige und dickere Äste. Vor dem Anzünden sollten Sie genug Material sammeln und der Größe nach sortieren. »Füttern« Sie das Feuer nicht zu schnell, sondern nur nach und nach. Das Outdoorcooking klappt besonders gut, wenn Sie über der Glut kochen und backen. Die Hitze ist größer und gleichmäßiger als über der offenen Flamme. Der Outdoortisch ist gedeckt, Töpfe und Pfannen sind zum Einsatz bereit, die Glut ist schön und lang anhaltend – es kann losgehen:

Stockbratwurst

Lagerfeuer Stockbrötchen

300 g Mehl
1 TL Salz
1 Päckchen Backpulver
Wasser

Alle Zutaten gut miteinander verkneten. Teigstreifen um ein Stöckchen wickeln und über der Glut backen.

Zubereitungszeit: ca. 20 Minuten

Folienkartoffeln

Mittelgroße Kartoffeln
Nach Wunsch Butter und Salz, Kräuterquark oder Schinkenspeck
Kartoffeln sauber schrubben, in Alufolie wickeln und mit 10-20 cm Abstand an den Rand des Feuers legen. Ab und zu drehen und nach ca. 1-1,5 Stunden sind die Kartoffeln fertig. Wenn Sie nicht so lange warten möchten, können die Kartoffeln zu Hause auch 15 Minuten vorgekocht werden. Dann brauchen sie im Feuer nur 15-20 Minuten. Mit frischem Kräuterquark oder etwas über dem Feuer gerösteten Schinkenspeck genießen. Aber auch mit Butter und Salz schmecken die Kartoffeln lecker.

Rühreier

4 gehäufte Esslöffel Eipulver
2 Esslöffel Vollmilchpulver
Salz
Butter
Wasser
Das Ei- und Milchpulver mit einer Prise Salz und etwas Wasser zu einem dickflüssigen Teig verrühren. Die Butter in der Pfanne erwärmen, den Teig einfüllen und das Ganze stocken lassen. Ab und zu den Teig vom Boden ablösen und mehrmals nach Belieben wenden.
Zubereitungszeit: ca. 10 Minuten

Bacon und Eggs

Rühreiteig
Gewürfelten Speck
Brot
Rühren Sie in einem Topf einen Rühreiteig an. In der Pfanne braten Sie den gewürfelten Speck an und geben eine Scheibe Brot mit in die Pfanne. Danach gießen Sie den Rühreiteig auf das Brot und backen es aus.
Zubereitungszeit: ca. 15 Minuten

Fladenbrot

100 g Mehl
1 Prise Salz
Zucker
Backpulver
Wasser oder Milch

Vermischen Sie alle Zutaten mit Wasser oder Milch zu einem zähflüssigen Teig. Streichen Sie den Teig glatt und backen Sie zugedeckt, auf kleiner Flamme den Teig von beiden Seiten.

Knüppelkuchen

1 kg Mehl
2 Päckchen Backpulver
150 g Butter
3 Teelöffel Salz
Kalte Milch

Mehl, Backpulver, Butter und Salz zusammen verkneten und solange Milch zugeben, bis ein recht zähflüssiger bis fester Teig entsteht. Etwas ruhen lassen. Wenn es soweit ist, den Teig fingerdick ausrollen und spiralförmig um einen Knüppel wickeln. Anschließend in der Glut des Lagerfeuers rösten. Den Knüppelkuchen können Sie mit süßen Dipps, zum Beispiel mit Marmelade, oder herzhaft, zum Beispiel mit Kräuterquark, gut essen.

Porridge

Entweder man mag Porridge oder man mag Porridge nicht. Aber es ist nahrhaft und einfach zubereitet.

Haferflocken
Salz
Wasser
Zucker (als süße Variante)
Dörrfrüchte, Nüsse etc.

Alles wird zusammen in einen Topf gefüllt und zum Kochen gebracht.
Danach können Sie den Porridge warm servieren.
Zubereitungszeit: ca. 10 Minuten

Schoko-Bananen

1 Banane pro Person
1 »Reihe« Vollmilchschokolade pro Banane
Die Banane mit einem Taschenmesser in der inneren Krümmung aufschneiden und die Reihe Schokolade hineinstecken. Die Banane in die Glut oder an den Rand des Feuers legen und warten, bis die Schokolade geschmolzen ist. Dann mit einem Löffel auslöffeln ... hmmmmm!
Zubereitungszeit: ca. 10 Minuten

Zimt-Bananen

1 Banane
Zimt und Zucker
Die geschälte Banane wird in Zimt und Zucker gewälzt, in Alufolie eingerollt und gut verschlossen in die Glut gelegt.
Zubereitungszeit: ca. 10 Minuten

Lagerfeuer-Kaffee

Wenn Sie Kaffee nicht in Instantform, sondern mit richtigem Kaffeepulver machen möchten, empfehlen sich folgende Kochvarianten. Das Kaffeepulver wird in das kochende Wasser gegeben und dreimal nacheinander kurz aufgekocht. Am Schluss gießen Sie kaltes Wasser darüber. So sinkt der Kaffeesatz auf den Pfannenboden und der Kaffee wird klar. Kaffeebohnen kann man übrigens auch mit kleinen Pfeffermühlen mahlen. Die Zubereitung von **»Steinkaffee«** geht wie folgt: Während das Kaffeewasser kocht, bringen Sie einen kinderfaustgroßen Stein im Feuer zum Glühen. Geben Sie den heißen Stein in das Kaffeepulverwasser und kochen Sie das Ganze nochmals auf. Danach geben Sie kaltes Wasser darüber. Der Kaffee schmeckt würzig.

Tipps: Bei Sturm oder nach Dauerregen ist es schwierig, ein Feuer anzuzünden. Suchen Sie eine möglichst windgeschützte Feuerstelle. Trockenes Holz findet man am ehesten in Stammnähe. Entrinden Sie nasse Äste und hobeln Sie vom trockenen Holz Späne ab. Sammeln Sie etwas mehr Zunder, als Sie brauchen.

Oberstes Gebot beim Outdoorcooking: Belasten Sie die Natur nicht unnötig und hinterlassen Sie einen sauberen Rastplatz. Suchen Sie sich nach Möglichkeit einen Zeltplatz, an dem es bereits eine Feuerstelle gibt. Neue Feuerstellen schaden der Natur. Stellen Sie immer einen Topf Wasser neben das Feuer und lassen Sie dieses nie unbeaufsichtigt. Halten Sie das Feuer klein – die aufgelegten Äste sollten nicht länger als Ihr Unterarm sein.

Falls Sie kein Lagerfeuer machen möchten, ist man mit einem Kocher im Gepäck auch gut bedient. Ein Kocher ist außerdem einfacher, sicherer und umweltfreundlicher. Es gibt verschiedene Kochermodelle und Sie sollten sich vor dem Kauf in einem Fachgeschäft beraten lassen.

Beliebte Wandertouren für Mensch und Hund

Hier riecht es nach Abenteuer! Die ursprüngliche Natur lockt alle Spürnasen und jeden Hundefreund. Ich habe beliebte Wandertouren für Sie und Ihren vierbeinigen Urlaubsbegleiter zusammengestellt:

Unterwegs in Schleswig-Holstein

Wanderungen durch Schleswig-Holstein bieten Ihnen extreme Sinneseindrücke, wie man sie in keinem anderen Bundesland erleben kann: Ebbe und Flut, Wind und Wellen, Ebenen und Hügelland, raue Seen und liebliche Wälder. Dazu zwei dicht benachbarte, vollkommen unterschiedliche Meere.

Strandvogt-Törn
Von Amrum übers Watt nach Föhr

Eine Wanderung der ganz besonderen Art. Zu entdecken gibt es mit Ihrem Vierbeiner die Vielfalt der Nordfriesischen Inseln Amrum und Föhr. Der Clou ist die Wattwanderung dazwischen.

Strecke: Da man sich auf Amrum und Föhr kaum verlaufen kann, kommt der Strandvogt-Törn ganz ohne Wegmarkierungen aus. Von Niebüll bringt die Fähre Sie und Ihren Hund nach Wittdün. Hier an Amrums Südspitze startet die Tour. Amrum ist ein kleines Festland-Abbild: Watt und Marsch auf der einen Seite (nordöstlich), Dünen und weiter Sandstrand auf der anderen (westlich). Zur Nordsee hin sind die Wanderdünen (»Kniesand«) bis zu 1,5 Kilometer breit, östlich/nordöstlich, in Richtung Föhr, liegt das Wattengebiet.

In Süddorf und Nebel auf Amrum stehen alte Friesenhäuser mit Feldsteinwällen, auf den Friedhöfen finden Sie Grabsteine für Kapitäne und Walfänger, die ganze Geschichten erzählen. Der Strandvogt war der Mann, der die Bergung gestrandeter Schiffe und die Rettung der Mannschaften leitete – wobei das Strandgut oft wichtiger war als die Menschen. Im schönen Dorf Nebel machen Sie Station, bevor Sie am zweiten Tag nach Norddorf wandern, wo Sie sich für den Weg nach Föhr am besten einen Wattführer nehmen. Das Watt ist gefährlich, wenn Wetter und Tide nicht mitspielen. In Dunsum, im Westen von Föhr, ruhen Sie sich aus, spielen und toben mit Ihrem Hund – der Sonnenuntergang hier ist zum Verlieben schön. Nach Wyk, wo die Fähre nach Niebüll abfährt, sind es von Dunsum nur 10 Kilometer – einige Schlenker beim Weg über die grüne Insel sind da locker drin.

Sehenswert: Klappern Sie auf Föhr die alten Windmühlen in Oldsum, Wrixum und Wyk ab.

Gemeinsam in einem Boot in Mecklenburg-Vorpommern

Schmale Flussläufe, ausgedehnte Seen und Wälder kennzeichnen die Landschaft in Mecklenburg-Vorpommern. Die vielfältige und fast unberührte Natur entlang der Paddelstrecken bietet ideale Bedingungen für eine ausgedehnte Wanderung im Kanadier.

Auf der Trebel von Tribsees bis zur Hansestadt Demmin

Die Trebel zwischen Tribsees und der Hansestadt Demmin hat eine Länge von ca. 40 Fließkilometern. Eine Tagestour mit Ihrem Hund von ca. 20 Kilometern ist von Nehringen bis nach Demmin zu empfehlen.

Strecke: Aufgrund der geringen Strömung, das Gefälle beträgt lediglich 30 cm, kann flussabwärts und flussaufwärts ohne große Anstrengungen gepaddelt werden. Dabei sind zwei Wehre im unmittelbaren Raum von Tribsees und Straßenbrücken bei Tribsees, Nehringen und Wotenick zu passieren. Der Landkreis Demmin wird bei Volksdorf erreicht.

Es handelt sich um eine Anfängertour, die kaum touristischen Service aufweist. Anlegemöglichkeiten zum Rasten, Auslaufmöglichkeit für Ihr Tier oder zum kurzzeitigen Aufschlagen des Zeltes bestehen an der Warbelmündung, in einem kleinen Einstich bei Volksdorf und am Anleger an der Wotnicker Brücke. Die Trebelniederung ist in weiten Bereichen von Durchströmungsmooren bedeckt. Torfstiche, Weidengebüsch und die von Gräben durchzogenen Grünflächen bieten Lebensraum für seltene

Tiere und Pflanzen. Im Unterlauf durchfließ die nun teilweise 35 m breite Trebel ein typisches Urstromtal. In der offenen Niederung ist oft mit Wind zu rechnen. Die wenigen Ortschaften sind für Paddler außer Sicht, sie liegen an den Talhängen, bis zu etwa 1 km vom Fluss entfernt.

Sehenswert: Schauen Sie sich in Nahringen den Park mit stattlichen alten Bäumen an und erkunden Sie in der Hansestadt den Hafen mit seiner Hafenanlage.

Mit vier Pfoten unterwegs in Niedersachsen

Mit seinen abwechslungsreichen Landschaften ist das Reiseland Niedersachsen ein ideales Ziel für Wanderfreunde und erfreut sich zunehmender Beliebtheit. Lichte Mischwälder und dichte Nadelwälder, bunt leuchtende Bergwiesen und steil aufragende Klippen, leise plätschernde Bäche und majestätische Talsperren prägen die Landschaft Niedersachsens.

Friesenweg
Von Osnabrück nach Papenburg

Eine gute Woche lang führt der Friesenweg in acht Etappen durch das Osnabrücker Land und das Emsland. Nach 191 Kilometern über sanfte Höhen und durch friedliche Moorlandschaften endet er in der alten Fehnkolonie Papenburg.

Strecke: Vom Rathaus des Westfälischen Friedens in Osnabrück führt die Route zunächst durch Wohngebiete, aber schon bald am idyllischen Flüsschen Nette entlang zum beliebten Ausflugsgebiet Nettetal, an der Ruine der Wittekindsburg vorbei. Eine tolle Strecke für Ihren vierbeinigen Freund. Dann überquert die Route das Wiehengebirge und trifft nordwestlich vom Stift Börstel, einem alten Zisterzienserinnenkloster, auf das geheimnisvolle Hahnenmoor. Weiter geht's entlang des Flüsschens Radde. Hier führt der Weg vorbei an frühgeschichtlichen Großsteingräbern und der sternförmig angelegten Barockschlossanlage Clemenswerth auf den hügeligen Hümmeling. Von dort führt der Weg durch die von Wasserläufen durchkreuzte Moorlandschaft des nördlichen Emslandes zum historischen Rathaus von Papenburg, dem Zielort des Friesenwegs. Gönnen Sie sich in der malerischen, von Kanälen durchzogenen Schiffer- und Gartenbaustadt eine Besichtigung der bekannten Meyer Werft (nur mit Anmeldung möglich).

Sehenswert: Auf der Etappe von Ankum nach Berge sollten Sie sich Zeit für den Waldsteinskulpturenpark in Bippen-Klein Bokern nehmen – ein künstlerisches Kleinod.

Mit vier Pfoten unterwegs in Nordrhein-Westfalen

Das Wandern ist des Müllers Lust. Vor allem in NRW: Denn in Nordrhein-Westfalen finden Sie eine Vielzahl toller Wanderrouten, die so richtig Lust machen auf Wanderungen durch Höhen und Tiefen, durch Weite und Ruhe, durch pittoreske Dörfer und Bilderbuchlandschaften. Entdecken Sie Nordrhein-Westfalens Schönheiten zu Fuß.

Rothaarsteig
Von Brilon nach Dillenburg

Der Rothaarsteig führt 154 Kilometer über den Kamm des Rothaargebirges vom westfälischen Brilon ins hessische Dillenburg.

Strecke: 8 Etappen hat der abwechslungsreiche »Weg der Sinne«. Auf naturnahen Wanderwegen durch stille Wälder und vorbei an idyllischen Wiesen führt er über den Kamm des Rothaargebirges. Es macht riesig Spaß mit dem besten Freund, dem Hund, den Weg zu erwandern. Eingangsportal für den Rothaarsteig ist Brilon. Durch den Wald geht es zu Borbgers Kirchhof, den ersten Aussichtspunkt der Strecke. An den Bruchhauser Steinen vorbei führt der Weg zum ersten Etappenziel, Willingen, das allerdings 3 km vom eigentlichen Wegverlauf entfernt liegt. An den folgenden Tagen lernen Sie und Ihr Tier unter anderem die Quellen von Ruhr, Eder, Sieg, Lahn und Dill kennen, bevor Sie das Fachwerkstädtchen Dillenburg erreichen.

Neben dem Hauptstieg bieten sich dem Wanderer weitere Varianten, beispielsweise die reizvolle, 14 Kilometer lange Strecke durch das Schluchttal des Grubensiepens und die aussichtsreiche Bergvariante von Dillenburg über den Hohen Westerwald bis ins südliche Siegerland mit rund 53 Kilometer Länge.

Sehenswert: Die Hängebrücke am Rothaarsteig. Wenn Sie von Kühhude aus den Rothaarsteig in Richtung Jagdhaus wandern, kommen Sie nach ca. 500 Metern an einem Grenzstein vorbei. 10 Meter dahinter geht es im rechten Winkel nach rechts vom Grenzweg ab – 200 Meter bergab steht die imposante Brücke.

Mit vier Pfoten unterwegs in Thüringen

Er gilt als eines der schönsten Mittelgebirge Deutschlands – der Thüringer Wald einschließlich der Thüringer Rhön. Und er kann das größte zusammenhängende Waldgebiet der Bundesrepublik sein eigen nennen. Wen wundert es da, dass diese Region zum Wandern geradezu prädestiniert ist?

Rennsteig
Durchs Thüringer Schiefergebirge und den Frankenwald

Der Rennsteig zählt zu Deutschlands traditionsreichsten Wanderrouten. Der alte Kammpfad zieht sich über 168 Kilometer im Nordwesten von Hörschel über das Thüringer Schiefergebirge und den Frankenwald bis zur Saale/Selbitz nach Blankenstein.

Strecke: Viele Jahrhunderte wurde dieser Höhenweg als Handelsweg, Botenweg und Kriegspfad genutzt. Vom tiefsten und nördlichen Punkt der Route, Hörschel am Mittellauf der Werra, ostwärts über den Kamm des Thüringer Waldes und des angrenzenden Thüringer Schiefergebirges führt der Wanderweg bis in den nördlichen Frankenwald zum Oberlauf der Saale, nach Blankenstein. An vielen Stellen begegnet man der Ge-

schichte dieser Landschaft. Über die höchsten Höhen, unter anderem den Panoramaberg des Thüringer Waldes, den Großen Inselberg, vorbei am Rennsteiggarten und an zahlreichen Grenzsteinen verläuft die Route auf tief in den Stein gefressenen Pfaden mit steilen Anstiegen, auf einsamen Waldwegen und über grasbewachsene Hügel des Schiefergebirges. Von der Wartburg bis Neuhaus verläuft ein Teil des Fernwanderweges Eisenach-Budapest (EB), auf ca. 108 Kilometern deckungsgleich mit dem Rennsteig.

Sehenswert: Die Wartburg, Weltkulturerbe seit 1999 ist Zeitzeugin deutscher Geschichte und Kultur durch den Minnesängerwettstreit, das Leben und Wirken der Heiligen Elisabeth, die Übersetzung des Neuen Testaments durch Martin Luther, das Fest der deutschen Burschenschaften und Wagners Oper »Tannhäuser«.

Mit vier Pfoten unterwegs in Sachsen-Anhalt

Sachsen-Anhalt bietet reichlich Auswahl für erholsame Wandertouren. Beliebtestes Wandergebiet ist der Harz mit einem dichten Netz gut ausgeschilderter Wanderwege.

Harzer-Hexen-Stieg
Von Altenbrak durch die Bodetalschlucht nach Thale

Der Harzer-Hexen-Stieg zieht sich vom niedersächsischen Osterrode auf 92,5 Kilometern quer durch den Harz nach Thale in Sachsen-Anhalt. Die letzte, knapp 13 Kilometer lange Etappe führt durch das bedeutendste deutsche Felsental nördlich der Alpen. In den harten Granit hat das Wasser der Bode gearbeitet und eine tiefe Kerbe hinterlassen.

Strecke: Start ist in Altenbrak. Durch den romantischen Auenwald entlang der Bode erreichen Sie Treseburg, wo der Einstieg in die Bodetalschlucht erfolgt, die als Naturschutzgebiet ausgewiesen ist. Schmal schlängelt sich der Wanderweg durch das Tal, vorbei an hoch aufragenden Granitfelsen. Zahlreiche Informationstafeln geben Ihnen Einblick in Geologie und Botanik. Die Fließgeschwindigkeit der Bode nimmt in Richtung Thale ständig zu, bis sie am Bodekessel – der schmalsten Stelle – ihren Höhepunkt erreicht. Beeindruckend ist das gewaltige Brodeln und Schäumen, wenn sich das Wasser hier überschlägt. Nach dem Überqueren der Teufelsbrücke ist es möglich, serpentinenartig den Rosstrappen-

Felsen zu erklimmen. An der Jungfernbrücke können Sie im Gasthaus Königsruh Rast machen und anschließend zum Hexentanzplatz wandern. Oder Sie folgen dem Harzer-Hexen-Stieg weiter nach Thale. Dort haben Sie schließlich die Möglichkeit, mit der Kabinenseilbahn zum Hexentanzplatz zu schweben (von Mai bis Oktober täglich von 09:30 Uhr bis 18:00 Uhr, von November bis Januar nur samstags und sonntags, von Februar bis April von 10:00 Uhr bis 16:30 Uhr).

Sehenswert: Imposanter Höhepunkt der Wandertour ist die Bodetalschlucht. Mythen und Sagen ranken sich um sie. So soll das Pferd der Königstochter Brunhilde seinen Abdruck an der Rosstrappe hinterlassen haben, als diese vor den Riesen Bodo flüchtete und in einem gewaltigen Sprung über das Bodetal setzte. Für Forscher und Historiker sind Hexentanzplatz und Rosstrappe heilige Stätten unserer germanischen Vorfahren.

Mit vier Pfoten unterwegs in Bayern

Im Naturpark Altmühltal entdeckt man beim Wandern eine der schönsten Kulturlandschaften Bayern: Romantische Täler, schroffe Felspartien, herrliche Wälder und die weiten Hochflächen der Frankenalb bieten »wanderbare« Zeiten im Herzen Bayerns.

Altmühltal-Panoramaweg
Von Essing nach Kelheim

Auf 200 idyllischen Kilometern ist mit dem Altmühltal-Panoramaweg eine neue Paradestrecke entstanden, die naturnahes Wandern mit tollen Kultur- und Landschaftserlebnissen verbindet. Die vielleicht schönste der zehn Etappen führt von Essing über Weltenburg nach Kelheim.

Strecke: Vom malerischen Essing mit seiner atemberaubenden Felsenkulisse und der Burg Randeck, die hoch über dem Ort thront, führt der Altmühltal-Panoramaweg entlang des Main-Donau-Kanals, der Rhein, Main und Donau verbindet. Vorbei an beeindruckenden Felsformationen geht es durch waldreiches Gelände entlang des Keltenwalls weiter. Die noch heute deutlich erkennbaren Bodenverformungen sind Spuren aus der Zeit der keltischen Besiedlung des Altmühltals. Nach dem Abstieg ins Tal gelangt man an die Donau. Zeit für Ihren Hund zum Entspannen und Planschen. Zum Kloster Weltenburg setzt man mit einer Holzzille oder

200 Meter flusswärts mit der Fähre Stausacker über. Nach dem Besuch der Asamkirche lockt der Biergarten mit dem köstlichen Klosterbier. Von dort erreicht man das Ziel der Tour, die alte Herzogstadt Kelheim, mit dem Personenschiff durch den Donaudurchbruch oder alternativ über den ausgeschilderten Fußweg. Das Wahrzeichen Kelheims ist die Befreiungshalle auf dem hoch über der Stadt aufragenden Michelsberg.

Sehenswert: Der Donaudurchbruch »Weltenburger Enge« ist ein einmaliges Naturschauspiel. Eine Bootsfahrt durch die mächtigen, steil abfallenden und bizarren Felsformationen ist eine spannende Reise durch das Erdzeitalter. Berühmt ist der Donaudurchbruch auch wegen des Klosters Weltenburg und dessen Biergarten am Eingang des Durchbruchs.

Ausrüstungslisten für Ihre Wandertour

Löffel vergessen? Regenjacke nicht dabei? Zeltgestänge liegt noch im Keller? Dagegen hilft nur organisiertes Packen und zwar mit einer Checkliste. Einpacken, abhaken und los geht's!

Persönliche Dinge

Waschset, Medikamente, Insektenschutz, Lippenpflegestift, Kamera und Filme, Ersatzbatterien, Tagebuch, Stift, Notizbuch, Reparatur-/Klebeset, Geld.

Kleidung und Ausrüstung für unterwegs

Shorts oder lange Hose, Hemd, Unterziehsocken, dicke Socken, Wanderstiefel, Kopfbedeckung, Uhr, Wanderstöcke, Rucksack, Kompass, GPS-Empfänger, Wanderkarte, Wanderführer, zusätzliche Kleidung (Unterwäsche, Hose, Hemd).

Koch- und Essgeschirr

Zum Kochen brauchen Sie folgende Gegenstände: Kocher mit Zubehör (Pumpe, Windschutz, Brenner, Streichhölzer), Brennstoffflasche oder -kartusche, Topf, Deckel, Griffzange, Plastikschüssel, Topfreiniger, Besteck, Tasse oder Becher, Kochspatel oder -löffel.

Schlafausrüstung

Für eine Wanderung mit Übernachtung packen Sie Folgendes ein: Zelt inklusive Stangen, Heringen, Schnur, Außen- und Innenzelt, Bodenplane, Schlafsack, Isoliermatte, Schlafkleidung, aufblasbares Kissen.

Regenausrüstung

Folgende Ausrüstungsgegenstände sollten im Deckelfach Ihres Rucksacks verpackt werden, damit sie griffbereit sind, wenn schlechtes Wetter aufzieht: Rucksackhülle, Regenbekleidung, Regenhut.

Zehn Dinge, die Sie nicht vergessen sollten

Taschenmesser, Wasserflasche oder Trinksystem, Taschenlampe, Notproviant (Energieriegel und Studentenfutter für den Notfall), Extrakleidung inklusive Regenkleidung, Streichhölzer und Feueranzünder, Sonnenbrille und Sonnenschutz, Signalpfeife, Erste-Hilfe-Set, Geld.

Die »tierische« Reise-Checkliste

Hundemarke
Wasserflasche mit Frischwasser
Faltbarer Futter- und Wassernapf
EU Heimtierausweis
Kopie der Haftpflichtversicherung
Leine, Halsband oder Geschirr mit Namensschild, mit Ziel- und Heimatadresse versehen
Ersatzleine und Ersatzhalsband
Hundedecke oder Schlafunterlage
Hundehandtuch
ausreichend Hundefutter
Packtaschen
Hundeboots
Kauknochen und Leckerli
Reiseapotheke

Last-Minute-Check

Erstellen Sie eine Liste mit allen Aufgaben, die vor der Abreise zu erledigen sind. Darauf kann zum Beispiel stehen: Heizung abstellen oder Nachbarin einen Schlüssel geben ...

Anhang

Register – Alles von A bis Z

Abenteuerwanderung 17
Altmühltal 93 f
Anreise 29 ff
Ausrüstung Vierbeiner 51 ff, 97
Ausrüstung Zweibeiner 15, 27, 46 ff, 96 f
Ausrüstungsliste für Ihre Wandertour 96 f
Auto 29 f

Bahn 31 f
Bacon und Eggs 81
Bayern 93 ff
Bekleidung 46 ff, 50 f, 96 f
Beschwerden 74 ff
Blasen 40, 47, 74
Blutergüsse 75
Booties 23, 53 f, 75
Brut- und Setzzeit 12

Campingplätze 35

Durchfall 75

Erbrechen 75
Erste-Hilfe-Set 77
Essen 65 f, 79 ff

Ferienhäuser 35
Flugzeug 32 f
Fladenbrot 82
Folienkartoffeln 81
Friesenweg 88 f
Futternapf 54

Gebirge 19 ff, 40, 52
Gefahren 67 ff
Gelände 73
Gesundheit 46, 57
Geschirr 51 ff
GPS-Empfänger 62 f
Gruppe 19, 36, 38, 41 f
Gewitter 70

Halsband 13, 51 f
Harzer-Hexen-Stieg 92 f
Hotels 34 f
Hunderucksäcke 55 ff
Hundeschuhe 53 f
Hundeschwimmwesten 59
Hundewanderreisen 43

Insektenstiche 71

Jagdsaison 17
Jagen 16

Karten 17, 21, 36 f, 40, 61 f
Kleidung 27, 46, 50 f, 70, 96
Kochgeschirr 96
Kompass 61 ff
Knüppelkuchen 82
Kälte 23, 49 f, 70
Küstenwanderungen 15

Lagerfeuer 79
Leine 12, 16, 52 f
Leinenzwang 13
Liegeplatz 54 f

Mehrtageswanderung 40
Mecklenburg-Vorpommern 87
Mikrofaser 51, 55
Müllentsorgung 66

Naturpark 37, 93
Naturschutz 13, 92
Naturwissen 45
Nebel 62, 63, 69 f

Organisation 36
Orientierung 60 ff
Outdoorküche 79 ff
Outdoorcooking 79 ff

Pfotenschutz 23, 53 f, 71
s.a. »Booties«
Pfotenballen 23, 53 f, 75 f
Privatunterkünfte 35
Planung 15, 32, 36 ff
Porridge 82
Profilsohle 47

Rezepte 79 ff
Reiseplanung 36 ff
Rennsteig 91
Rothaarsteig 89
Rucksäcke für Zweibeiner 12, 47 f
Rucksäcke für Vierbeiner 55 ff
Rühreier 81

Schnitt- und Schürfwunden 72 f
Schlafsack 49
Schnee 25, 71
Schneeschuhwandern 22 ff
Sonne 67 f
Stockbrötchen 80
Schoko-Bananen 83
Skiwandern 25
Schwimmweste 27, 59

Tageswanderungen 37 ff
Training 11, 46, 56 f
Trinken 65 f
Tribsees 87

Umweltschutz 45
Unterkunft 29, 34

Verband 72 f, 77 f
Verpflegung 36, 55
Verhalten in der Natur 12, 60
Vergiftungen 73
Vorbereitung 45

Wandern mit Hund 10 ff
Wanderschuhe 46 f
Wasserwandern 26 ff
Wanderschaft 10 f, 74
Winterwandern 25
Wunden 71, 72

Zecken 72
Zelten 39 f, 49, 50
Zimt-Bananen 83
Zwiebelprinzip 50

Nützliche Informationen

Im Internet finden sich inzwischen viele hilfreiche Websites zum Wandern sowie zum Thema Urlaub mit dem Hund, Einreisebestimmungen, Outdoorausrüstung usw. Hier finden Sie eine kleine Auswahl, die Ihnen bei der Planung von Wandertouren behilflich sein können.

www.fernwege.de
Informationen zum Wandern in Deutschland, Frankreich, Österreich, Italien, Tschechien, Großbritannien

www.novasol.de
Vermittlung von hundefreundlichen Ferienhäusern in Europa

www.globetrotter.de
Onlineshop für Outdoorausrüstung

www.outdoor-magazin.com
Internetseite eines deutschen Wandermagazins für Trekking und Outdoor

www.wandermagazin.de
Internetseite eines deutschen Wandermagazins für Trekking und Outdoor

www.wetter.de
Wettervorhersage Deutschland

www.dwd.de
Internetseite des deutschen Wetterdienst

www.meteoworld.de
Wetterservice mit Deutschland, Europa- und Weltwetter, auch mit langfristigen Wetterprognosen

www.fitfortravel.de
Reiseinformationen rund um die Gesundheit

www.MySportyDog.de
Onlineshop für Outdoor-Hundezubehör

www.ruffwear.com
Outdoor-Hundezubehör aus den USA, u.a. Pfotenschuhe

www.alsa-hundewelt.de
Gesunde Ernährung sowie Zubehör für Ihren Hund

www.sabro.de
Onlineshop für Hundezubehör aus Schweden

www.dog-travel-expert.de
Onlineshop für Hundezubehör aus Schweden

www.petsontour.de
www.scalibor.de
www.intervet.de
Einreisebestimmungen für Hunde mit Reisetipps und Impfempfehlungen

www.adac.de
Allgemeiner Deutscher Automobil-Club e.V.
ADAC Campingführer

Kontakt zur Autorin und geführte Wandertouren mit Hund

hundewandern.de
Rabea Ali
Bruchweg 4
32699 Extertal
Tel.: 05262 9961462 • Fax: 05262 9961463
info@hundewandern.de
www.hundewandern.de

Bildnachweis

Titelbild:	Digitalstock, Martina Berg, Fotolia, F. Wehmeier
Innentitel:	K. Pollmeier, Fotolia, Martina Berg, K. Pollmeier
Andreas Jähnke:	Seiten 16, 17, 24 unten, 42 unten
Andrea Bierman:	Seiten 12, 89 links und rechts
Frank Wehmeier:	Seiten 14, 15, 19, 20 oben und unten, 22, 24 oben, 25, 26 oben und unten, 27, 37, 39, 41, 42 oben, 43, 47 unten, 48 oben und unten, 49, 65, 70, 74 oben und unten, 80, 85, 86, 87, 91, 94, 95, 96
Fotolia:	Seiten 21, 29, 34, 47 oben, 61, 62, 63 links oben
Klaus Pollmeier:	Seiten 6, 28, 45, 56, 60, 63 unten links und rechts, 64, 71, 78, 79, 83, 88, 93, 100
Martina Berg:	Seiten 52, 53 oben, 56, 59, 99
Antje Lindert-Rottke:	Seiten 9, 13, 90, 103, Rückentitel
Ulrich Hartmann:	Seiten 11, 32
Westfalen Blatt:	Seiten 7, 8
Ruff Wear:	Seiten 51, 54, 58
Rabea Ali:	Seite 102
Zeichnungen Seite 18:	Fell & Pfote/Kynos Verlag

Zeichnungen Seiten 52 und 53: Kynos Verlag

Danke

Hält man erst einmal das fertige Buch in den Händen, so sind all die Mühen, Frustrationen, Recherchen etc. vergessen. Nicht vergessen sollen hingegen alle werden, die mich bei diesem Buch unterstützt haben:

Allen voran mein Hund »Willy«, denn ohne ihn würde es kein »hundewandern.de« und kein Buch geben.

Meine Familie Yousuf, Brigitte und Guido Ali, die mir eine unschätzbare Hilfe waren, mich in dieser Buchidee bestärkten und mir überdies bei Bildauswahl und Textkorrektur den Rücken frei hielten.

Besonders erwähnen möchte ich Frank Wehmeier, der über viele Monate Menschen und Hunde für dieses Buch fotografierte. In diesem Zusammenhang möchte ich allen danken, die sich und ihre Hunde als Fotomodelle zur Verfügung gestellt haben.

Zu guter Letzt möchte ich mich beim Kynos Verlag und meiner Lektorin, Frau Gisela Rau, für die gute Zusammenarbeit bedanken.

Herzlichen Dank!

Zum Weiterlesen

Astrid Förg-Gnadl

Naturheilpraktischer Notfallkoffer für Hunde

Ein Ratgeber zur Ersten Hilfe

Homöopathie, Bachblüten und Naturheilmittel können auch in der Ersten Hilfe sinn- und wirkungsvoll eingesetzt werden – wenn man weiß wann und wie! Die Autorin ist Tierheilpraktikerin und hat aus ihrem Erfahrungsschatz zusammengetragen, was im Notfall wirklich unterstützen kann, bis der Tierarzt kommt.

80 Seiten, durchgehend farbig
ISBN 978-3-938071-59-5
10,00 € (D) 10,30 € (A) 18,30 CHF

Patricia B. McConnell / Aimee M. Moore

Die Hundegrundschule

Ein Sechs-Wochen-Lernprogramm

Die Essenz aus Verhaltensforschung, modernen Lerntheorien und vielen Jahren Erfahrung wurde hier ganz praxisnah und umsetzbar zu einem Basis-Trainingsprogramm komprimiert, das Mensch und Hund in sechs Wochen zu einem guten Team werden lässt. Hier erfahren Sie, wie Ihr Hund stets das macht, was Sie möchten und Sie trotzdem als seinen allerbesten Freund betrachtet.

136 Seiten, ISBN 978-3-938071-49-6
19,90 € (D) 20,50 € (A) 34,90 CHF

Weitere Bücher zum Thema HUND finden Sie bei uns.
Fordern Sie unseren kostenlosen Katalog an.

Kynos Verlag Dr. Dieter Fleig GmbH
Konrad-Zuse-Straße 3 • D-54552 Nerdlen/Daun
Telefon: +49 (0) 6592 957389-0 • Telefax: +49 (0) 6592 957389-20
www.kynos-verlag.de